Köstliches aus Feuchtgebieten

bestimmen, sammeln und zubereiten

Dr. Markus Strauß

NATUR & GENUSS

Danksagung

Ein herzliches Dankeschön an alle Menschen, die mich bei meiner Be-Rufung unterstützt haben, den essbaren Wildpflanzen wieder ihren angestammten Platz in unserer Alltagskultur zu verschaffen. Namentlich möchte ich Frauke Bennett erwähnen: Von ihr bekam ich Schilfsprossen aus Vorpommern, als die Saison in Stuttgart schon vorbei war.

Hinweis

Die hier genannten Pflanzeninformationen wurden sorgfältig recherchiert und nach bestem Wissen und Gewissen wiedergegeben. Die Hinweise zu den Heilwirkungen der Pflanzen ersetzen aber in keinem Fall den Rat und die Hilfe eines kompetenten Arztes oder Heilpraktikers. Der Verlag und der Autor übernehmen keine Haftung für Schäden, die durch unsachgemäße Anwendung der dargestellten Behandlungs- und Zubereitungsmethoden oder durch falsche Nutzung der Wildpflanzen entstehen, und übernehmen auch keinerlei Verantwortung für medizinische Forderungen. Die Sammlung und Ernte der hier vorgestellten essbaren Pflanzen sollte weder in Naturschutzgebieten noch am Rande stark befahrener Straßen erfolgen.

Impressum

4 3 2 1 | 2025 2024 2023 2022 · ISBN 978-3-7750-821-1

Redaktion & Lektorat: Julia Genazino · Rezeptredaktion: Monika Graff

Bildnachweis: Seiten 12, 14, 16, 22, 24, 26, 32, 34, 38, 40, 52, 54, 57, 60, 63, 64, 70, 72, 82 sowie Coverfoto Michael Brem, Berlin; Seiten 4, 42, 46, 438, 76, 78 Oliver Lieber, Malmsheim; Seiten 19, 31, 36/37, 44/45, 51, 56, 69, 75, 80, 86/87 Michael Brem, Berlin, und Oliver Lieber, Malmsheim; Seite 10 © waeske/iStock; hintere Umschlagklappe © Maximilian Gall; historische Illustrationen: Seiten 17, 23, 27, 35, 41, 49, 59, 67, 73, 79 © Biolib, Kurt Stueber, Köln; Seiten 55 und 85 © RHS Images Collection, GB.

Gestaltung, Grafiken und Satz: Julia Graff, Hädecke Verlag (Florale Illustrationen nach Vorlage von www.idealhut.com, Icons unter Verwendung einer Grafik von vecteezy.com)

Gesetzt aus der Zag (Svetoslav Simov/Fontfabric) und Relato Sans (Eduardo Manso/Emtype Foundry)

Printed in Germany 2022 · Klimaneutraler Druck auf Materialien aus vorbildlich bewirtschafteten FSC®-Wäldern und anderen kontrollierten Quellen.

Klimaneutral
Druckprodukt
ClimatePartner.com/11339-2010-1004

Abkürzungen und Mengenangaben

kg – Kilogramm
g – Gramm
TL – Teelöffel
EL – Esslöffel
Msp – Messerspitze
°C – Grad Celsius
ml – Milliliter = 0,001 Liter
cm – Zentimeter = 0,01 Meter
l – Liter
m – Meter

Die aufgeführten Rezepte sind, soweit nicht anders angegeben, für 4 Portionen berechnet.

Inhalt

Vorwort 4

Einführung mit Anbau-Tipps 7

1 · Bachbunge 14
2 · Bach-Nelkenwurz 20
3 · Brunnenkresse 24
4 · Kohldistel 32
5 · Mädesüß 38
6 · Schilf 46
7 · Indisches Springkraut 52
8 · Wald-Engelwurz 57
9 · Kleine Wasserlinse 64
10 · Wiesen-Bärenklau 70
11 · Wiesen-Knöterich 76
12 · Wiesen-Schaumkraut 82

Literatur 88

Nährwerte von Sumpfpflanzen I

Erntekalender II

Schilf

Vorwort

Essbare Wildpflanzen werden immer noch in erster Linie mit „Kräutern" gleichgesetzt, das exotische Randthema wird oft erst einmal belächelt. Es ist mein persönliches Anliegen, die ganze Bandbreite der verborgenen Schätze unserer heimischen Natur wieder erfahrbar und erlebbar zu machen. Der zweite Band dieser Buchreihe („Köstliches von Waldbäumen") war bei seinem Erscheinen 2010 das erste deutsche Buch zu diesem Thema und ist mittlerweile in der fünften Auflage erhältlich. Dieser erfreuliche Erfolg machte mir und meinem Verlag Mut, Sie, liebe Leser, erneut auf ein weniger bekanntes Gebiet im Reich der essbaren Wildpflanzen aufmerksam zu machen:

Herzlich willkommen zum vierten Band aus der Reihe „Natur & Genuss"! Auch bei den essbaren Sumpf- und Wasserpflanzen gibt es viel Interessantes zu entdecken. Oder haben Sie schon etwas von leckeren Schilfsprossen gehört? Von der aromatischen Bach-Nelkenwurz? Von den Blütenböden einiger Distelarten, die wie Artischocken schmecken oder von der Wurzel des Wiesen-Bärenklaus, dem „Europäischen Ginseng"?

Feuchtgebiete und Sümpfe: Als Ausflugsziel klingt das zunächst etwas befremdlich. Tatsächlich tun sich hier ganz neue und spannende Welten auf. Die Uferbereiche von Gewässern und Feuchtgebieten ziehen uns magisch an. Auf den ersten Blick kommt das vom Lebenselixier Wasser, das uns hier lebhaft vor Augen tritt. Unser Körper besteht zu etwa 70 % aus Wasser – aus diesem Element stammt jedes Leben. Wasser hat eine sehr starke Anziehungskraft auf uns. An Ufern und in Feuchtgebieten kommt noch eine weitere Dimension dazu: Festes und Flüssiges begegnen sich hier, beide Sphären durchdringen sich, vermischen und verbinden sich, gehen ineinander über – und schaffen dabei Landschaftsräume von ganz besonderem Reiz.

Was besonders schön und energiereich ist, wird meist auch sehr begehrt: Sümpfe, Moore und Feuchtwiesen werden durch Trockenlegung und Drainage in Ackerflächen verwandelt. Auen werden durch Flussbegradigung zerstört, die Ufer vieler Seen privatisiert und verbaut. Die Feuchtgebiete und Uferbereiche mitsamt ihrer besonderen Pflanzen- und Tierwelt bedürfen unseres Schutzes – das wird heute vielen Menschen bewusst. Dabei gibt es einiges, was wir als Sammler von Wildpflanzen zum Schutz unserer Umwelt beitragen können. Auf Spaziergängen entdecken wir essbare Pflanzen, ernten sie und bereiten daraus ein Essen zu: Das führt zu einem ganz neuen Erleben von Natur, die wir so im wahrsten Sinne des Wortes verinnerlichen. In unserem oft technisierten Alltag kann das Sammeln zu einer neuen, tiefen Verbundenheit mit der Natur führen: ein Glücksgefühl, zu dem ich jeden gern einladen möchte! Und was man liebt, das schützt man auch.

Ausflüge zu Flüssen, Teichen und Feuchtgebieten können besonders faszinierend sein. Ob man nun die Samen vom Springkraut in einem Becher „explodieren" lässt oder mit einem Kescher Wasserlinsen von einem Teich abfischt: Hier gibt es ganz eigene Lebensräume zu entdecken – und schätzen zu lernen. Entscheidend ist, dass sich jeder menschliche „Besucher" umsichtig und bedacht in diesen schützenswerten Biotopen verhält. Dazu gehört an erster Stelle, nie alle Pflanzen eines Standorts abzuernten, sondern nur maximal ein Drittel davon. Bei großen Pflanzen sammelt man lediglich einen Teil der Blätter oder Blüten, damit sich diese Exemplare wieder erholen können. Auch sollte man nie alle Samen eines Bestandes mitnehmen und Wurzeln nur dann ausgraben, wenn noch genügend Pflanzen vorhanden sind. Auf Feuchtwiesen und bei naturnahen Gewässern ist ein Naturfreund außerdem darauf bedacht, die Lebensräume generell zu schonen und beispielsweise Tiere nicht unnötig aufzuscheuchen. Bei einigen hier vorgestellten Arten wie Schilf oder Mädesüß ist besondere Achtsamkeit geboten, da wir uns hier in wichtigen Schutzräumen von Tieren bewegen. Bei anderen Arten wie dem massenhaft auftretenden Indischen Springkraut lautet dagegen die Devise: Nicht zurückhalten, sondern alle Samen aufessen!

Für Ihre eigene Gesundheit gilt es beim Sammeln von Wasser- und Sumpfpflanzen darauf zu achten, dass die jeweiligen Feuchtwiesen und Gewässer naturnah und „sauber" sind. So wie Wasserpflanzen Nährstoffe aus dem Gewässer aufnehmen, können sie auch Schadstoffe absorbieren. Liegen bewirtschaftete Ackerflächen in der Nähe, besteht die Gefahr, dass die Gewässer mit Chemikalien und Gülle belastet sind. Sehen Sie sich deswegen die Umgebung genau an. Zum richtigen Sammeln dieser Pflanzen gehört zudem, dass man sie sorgfältig wäscht, bevor man sie zubereitet.

Das Thema birgt noch eine weitere Dimension: Die meisten der hier vorgestellten Arten eignen sich zum Anbau im Garten, in einem Teich oder in einer Wanne auf Balkon und Terrasse. Auch im größeren Rahmen wäre eine solche Kultivierung von essbaren Wildpflanzen wünschenswert, beispielsweise auf ehemaligen Ackerflächen oder öffentlichen Grünanlagen. Wildpflanzen brauchen im Vergleich zu gezüchteten Gemüsepflanzen kaum Pflege; für ihr Gedeihen sind weder Dünger noch Spritzmittel nötig. Oft enthalten sie im Vergleich zu diesen ein Vielfaches an wertvollen Inhaltsstoffen wie Vitamine und Mineralien. Nicht zuletzt überzeugen sie aus ästhetisch-sinnlicher Sicht mit ihrem Blütenflor, Duft und Blattwerk.

Was spricht also dagegen, in der Zukunft den essbaren Wildpflanzen wie Brunnenkresse, Bachbunge oder Engelwurz in den Auen unserer Bäche und Flüsse neue Lebensräume zu schaffen, wo heute noch Mais angebaut wird? Gerade in stadtnahen Gebieten würden solche größeren „wilden" Flächen neben gesunden Lebensmitteln auch Erholung und ein intensives Naturerlebnis ermöglichen.

Wie in den anderen Bänden dieser Reihe habe ich mich bei der Auswahl der vorgestellten Pflanzen auf wenige Arten beschränkt, die ausführlich vorgestellt werden. Die aufgeführten Wildpflanzen sind im deutschsprachigen Raum weit verbreitet, und sie stehen nicht unter Naturschutz. Anhand der Beschreibungen und Bilder sind sie relativ leicht und sicher zu erkennen. Trotz der teilweise erschwerten Bedingungen in Feuchtgebieten sind sie zudem leicht zu sammeln.

In diesem Sinne wünsche ich Ihnen viel Freude in der Natur und guten Appetit!

Markus Strauß

Essbare Sumpfpflanzen: Rohrkolben, Indisches Springkraut und Mädesüß

Einführung

Die Speisekarte aus der freien Natur ist viel umfassender als man zunächst vermutet. Für alles ist gesorgt: von frisch und knackig über deftig kalorienreich bis hin zu süß, würzig oder fruchtig herb – wer sich auskennt, kann sich rundum aus der Natur versorgen. Im ersten Band dieser Buchreihe („Die 12 wichtigsten essbaren Wildpflanzen") wurden krautig wachsende Pflanzen vorgestellt, aus denen sich köstliche Gemüse, Salate, Pestos, Smoothies und Tees zubereiten lassen. Im zweiten Band standen die Waldbäume mit ihren stärke-, eiweiß- oder ölreichen Nussfrüchten im Zentrum des Interesses. Der dritte Band war den Hecken und Sträuchern gewidmet: Hier ist das wilde Obst zu finden und die daraus hergestellten Süßspeisen, Fruchtsaucen, Limonaden, Marmeladen und Chutneys.

Der vorliegende vierte Band über Sumpf- und Wasserpflanzen zeigt weitere Quellen für köstliche Frischkost und Salate auf, wie die Brunnenkresse oder die wintergrüne Bachbunge. Auch ausgesprochen aromatische Gemüse wie die Wald-Engelwurz oder den Wiesen-Bärenklau gibt es zu entdecken. Für einheimische Exotik sorgen „Bambussprossen" vom Schilf, die faszinierenden Wasserlinsen oder die Nüsschen des Indischen Springkrautes – allesamt sind überraschend schmackhafte Lebensmittel!

Bachbunge

Im Vergleich zu den Kulturpflanzen sind die essbaren Wildpflanzen bis heute wissenschaftlich recht unzureichend untersucht. Verlässliche Zahlen zu ihren gesunden Inhaltsstoffen sind daher leider Mangelware. Die wenigen verfügbaren Daten weisen jedoch in die gleiche Richtung wie die bereits im ersten Band veröffentlichten Zahlen: Essbare Wildpflanzen sind sehr hochwertige, überaus gesunde und stärkende Lebensmittel, die auch Krankheiten vorbeugen können (siehe Nährwertabelle in der vorderen Umschlagklappe). So werden Bachbunge, Brunnenkresse, Bittere Kresse oder Wiesen-Schaumkraut traditionell für Frühjahrskuren eingesetzt. Sie schenken dem Körper neue Vitamine und Kraft, vitalisieren und entschlacken uns.

Anbau-Tipps für Garten und Balkon

Fast alle der in diesem Buch vorgestellten Arten kann man auch gut vor der eigenen Haustür im Garten ansiedeln. Manche lassen sich sogar als Kübelpflanze auf Balkon und Terrasse ziehen. Dies eröffnet völlig neue Möglichkeiten und ist in vielerlei Hinsicht ein wertvolles, beglückendes Projekt mit vielen Vorteilen:

- → Kurze Wege von der Wildpflanze bis in die Küche und an den Esstisch gewährleisten optimale Frische und Nährstoffgehalte.
- → Ökologisch sinnvolles Gärtnern für Insekten, Vögel, Amphibien, andere Mitlebewesen und letztendlich für uns.
- → „Wild" zu gärtnern bedeutet pflegeleichtes Gärtnern.

Außerdem bietet der enge, womöglich tägliche Kontakt zu den Pflanzen die Chance, diese ständig und mit allen ihren Merkmalen beobachten zu können. Diese Beobachtung schärft unsere Sinne, verbindet uns mit dem jahreszeitlichen Wandel und heilt

Ebenfalls essbar: Wasserlinsen

die künstliche Trennung zwischen uns und der Natur. Und wir werden auch draußen in der freien Natur diese Pflanzen sicherer erkennen und ihnen mit einem neuen Selbstverständnis begegnen können.

Pflanzen im Staunässe-Beet

Folgende der hier vorgestellten essbaren Wildpflanzen können in solch einem Beet angepflanzt werden:

Bachbunge, Bach-Nelkenwurz, Sumpf-Kohldistel, Mädesüß, Wald-Engelwurz, Wiesen-Bärenklau, Wiesen-Knöterich und Wiesen-Schaumkraut.

Idealer Standort für dieses Beet ist eine ebene Lage im lichten Schatten oder Halbschatten, zum Beispiel auf der Nordseite eines Hauses. Auch die Uferbereiche um einen Gartenteich lassen sich mittels eines Staunässe-Beets optisch und ökologisch sehr schön gestalten. Zunächst müssen dafür die oberen 40 cm Erde abgetragen werden. Die Beet-Fläche wird nun mit einer Teichfolie ausgelegt und wieder mit der zuvor abgetragenen Erde bedeckt. Alternativ kann in 50 cm Tiefe auch eine 10 cm dicke Tonschicht eingearbeitet werden, der Aushub kommt mit 40 cm wieder darüber. Folie oder Ton verhindern in Zukunft das Versickern des Regenwassers in den Unterboden und bilden so staunasse Verhältnisse, die denen eines natürlichen Feuchtgebiets ähneln. Während längerer Trockenperioden ist es sinnvoll, das Beet zu gießen. Ein kräftiges Gießen pro Woche ist dabei nützlicher als täglich nur ein wenig zu sprenkeln. Falls möglich, kann der Ablauf einer Regenrinne in das Beet gelenkt werden.
Bei der Gestaltung des Beets darauf achten, dass die hochwachsenden Pflanzen im Übergangsbereich zum Garten, die niedrigen zur offenen Wasserfläche des Teichs hin angesiedelt werden.

Der heimische Gartenteich eignet sich als Beet für essbare Pflanzen wunderbar.

Pflanzen im großen Topf oder Kübel

Als Kübelpflanze auf Balkon und Terrasse eignen sich folgende Stauden:

Bachbunge, Wiesen-Knöterich, Mädesüß, Kohldistel und bedingt auch die Brunnenkresse (siehe unten).

Die Pflanzgefäße müssen mindestens 40 cm, besser noch 50 cm hoch sein und eine ebensolche weite Öffnung haben. Zudem dürfen auf der Unterseite keine Öffnungen sein, damit sich auch hier staunasse Verhältnisse bilden können. Ein „Übergießen" ist jedoch zu vermeiden: Die Pflanzen mögen es im unteren Bereich zwar feucht, müssen aber nicht dauerhaft im Wasser stehen. Während Regenperioden kann man die Töpfe ankippen, um überschüssiges Wasser abfließen zu lassen. In trockenen Zeiten muss auf Balkon und Terrasse hingegen kräftig gewässert werden. Werden die Blätter von Mehltau befallen, so ist dies ein Zeichen für Trockenstress. Die genannten Stauden vertragen dann einen kräftigen Rückschnitt und müssen regelmäßiger gegossen werden.

Die Anforderungen der Pflanzen an ihren Standort werden in den jeweiligen Porträts unter dem Punkt „Vorkommen" beschrieben. Bei den passenden Arten finden sich Hinweise für Garten, Balkon und Terrasse sowie für Teiche und naturnah gestaltete Aquarien. Der folgende Überblick zeigt die verschiedenen Verwendungsmöglichkeiten:

Pflanze	Anbaumöglichkeiten
Bachbunge	Garten, Flachwasserbereich von Teichen oder in großen Kübeln
Bach-Nelkenwurz	Garten, Staudenbeet, Steingarten, Teichufer
Brunnenkresse	Flachwasserbereich von Teichen mit Strömung, in großen Kübeln mit Wasserkreislauf
Kohldistel	Garten, Staudenbeet, Feuchtwiese
Mädesüß	Garten, Staudenbeet, Feuchtwiese
Schilf	nicht empfehlenswert, nur für sehr große Gärten und Parks geeignet
Springkraut	nicht empfehlenswert, da zu starke Ausbreitung
Wald-Engelwurz	Garten, Staudenbeet, Feuchtwiese
Wasserlinse	frei schwimmend in Teichen, Aquarium
Wiesen-Bärenklau	Garten, Staudenbeet, Feuchtwiese
Wiesen-Knöterich	Garten, Staudenbeet, Feuchtwiese, Teichufer
Wiesen-Schaumkraut	Garten, Feuchtwiese

Kohldistel

Pflanzen mit besonderen Ansprüchen

Schilf ist für kleine Hausgärten wenig geeignet; das sehr hohe Gras kann schnell dominant werden und unerwünschte Ausflüge zu den Nachbarn machen. Wer Schilf aber anpflanzen möchte, zum Beispiel als Sichtschutz, sollte ein eigenes Staunässe-Beet dafür anlegen und auf jeden Fall an eine Wurzelsperre denken.

Brunnenkresse und Bittere Kresse Beide gedeihen in stehendem Wasser nicht so gut, das Anlegen eines Staunässe-Beets oder das Pflanzen in einen Topf mit Staunässe bringt hier nur einen vorübergehenden Erfolg; die Pflanzen werden dort leider mit der Zeit kümmerlich. Ganz wie an den Ufern langsam fließender, sauberer Quellen und Bäche mit kalkhaltigem Wasser, freuen sich die zwei Kressen über die Zufuhr von Frischwasser mit darin gelösten Mineralien. Für den Anbau auf dem Balkon oder im Garten ist es daher unsere Aufgabe, dies nachzubilden. Das gelingt dank eines solarbetriebenen Quellsteins sehr gut. Für die Kresse-Arten ist es völlig ausreichend, wenn das Wasser einige Stunden täglich sanft plätschert und nachts ohne Sonnenenergie Ruhe herrscht. Wichtig ist aber, dass hierfür ein Kalk- oder Kalktuffstein als Material gewählt wird, da diese Pflanzen kalkreiches Wasser und einen eher hohen pH-Wert lieben. Granit, Gneis und reine Quarze sind nicht geeignet, weil sie ein eher saures, kalkfreies Wasser ergeben, was beide Kressen nicht mögen.

Wasserlinsen Wasserlinsen werden durch den Besuch von Enten, die aus einem anderen Gewässer einige der Schwimmpflanzen im Gefieder mittragen, in einen neuen Teich eingeschleppt. Wasserlinsen lassen sich aber auch in einem Mini-Teich im Kübel oder in einem halbierten Fass auf Balkon (Tragfähigkeit vorher abklären!) oder Terrasse ansiedeln. In diesem Fall muss man die Arbeit der Enten selbst übernehmen: Eine kleine Plastiktüte dient als Transportmittel für etwas Teichwasser mit Wasserlinsen, zum Beispiel aus dem Teich des nächsten Stadt- oder Schlossparks.

Hinweise zu den Rezepten

Wenn in den Rezepten als Zutat Salz aufgeführt wird, dann ist damit nicht das handelsübliche Speisesalz gemeint, da dieses ausschließlich Natriumchlorid (NaCl) und nicht deklarierungspflichtige Zusätze wie Rieselhilfen enthält. Meersalz hingegen enthält neben NaCl ein breites Spektrum an anderen Salzen und Spurenelementen und ist daher wertvoller. Aufgrund der heutigen Belastung der Meere ist es jedoch sinnvoll auf Siedesalz zurückzugreifen, das aus der Sole von urzeitlichem Meersalz gewonnen wird. Natürliches Kräutersalz oder andere sogenannte Vollsalze sind ebenfalls zu empfehlen.

Noch eine Anmerkung zur Verwendung von Rohrohrzucker oder anderen, in den Rezepten genannten Süßungsmitteln: Da weißer Zucker als Vitalstoffräuber bekannt ist, wäre es schade, diesen bei den vor Vitalstoffen strotzenden Wildpflanzen zu verwenden. Dennoch ist dies kein Muss und Rohrohzucker hat zugegebenermaßen einen Eigengeschmack, der nicht jedermanns Sache ist. Selbstverständlich bleibt es Ihnen überlassen, welchen Zucker oder welche Süßungsalternativen Sie bei den Rezepten hier im Buch verwenden.

In manchen Rezepten weisen wir auf reines Wasser hin. Damit ist stilles Wasser gemeint, das entweder sauberes Quellwasser sein kann oder gereinigtes Leitungswasser (z. B. durch Umkehrosmose). Reines Wasser zeichnet sich dadurch aus, dass es einen geringen Mineraliengehalt aufweist – also nicht hart ist – und einen niedrigen Leitungswert besitzt.

Bachbunge

Veronica beccabunga

Porträt

Die Bachbunge, auch Bach-Ehrenpreis genannt, wird seit Kurzem der Familie der Wegerichgewächse (Plantaginaceae) zugeordnet. In älteren Büchern erscheint sie noch bei den Braunwurzgewächsen (Scrophulariaceae), – auch Rachenblütler genannt. Weitere Namen der Pflanze sind Bachbohne, -blume oder -kohl. Die Gattung Veronica (Ehrenpreis) umfasst insgesamt etwa 500 Arten. In Mitteleuropa sind neben der Bachbunge rund 40 verschiedene Ehrenpreise heimisch. Den traditionellen kulinarischen Gebrauch verrät ein Volksname der Bachbunge: „Wassersalat". Bei dem botanischen Namen „Veronica" denken wir unwillkürlich an „Veronika, der Lenz ist da": Tatsächlich beginnt die Wachstumsphase der Bachbunge schon im frühen April. Die frischen Blätter und Triebspitzen schmecken zu dieser Zeit nicht nur besonders gut,
sie enthalten auch viele wertvolle Vitalstoffe und verleihen uns neue Kraft bei Frühjahrsmüdigkeit. In der traditionellen Volksheilkunde sind viele weitere Heilwirkungen bekannt.

Die deutsche Übersetzung zu Veronica lautet Ehrenpreis: Dieser Begriff entstand durch die hoch angesehenen medizinischen Eigenschaften des nahe verwandten und äußerlich sehr ähnlichen Echten Ehrenpreises (*Veronica officinalis*): „Ihm sei Ehr und Preis als vera unica medicina, das einzig wahre Heilmittel". Die Gattung Ehrenpreis wurde im Jahr 2007 als „Staude des Jahres" ausgezeichnet. Zur Bachbunge wird dazu die Pflanzung „in der Ufer- oder Sumpfzone des Gartenteichs" empfohlen (siehe auch Seite 17). Sogar in einem feuchten, naturnah gestalteten Terrarium kann die Pflanze kultiviert werden.

Wuchs und Aussehen Die Bachbunge ist eine mehrjährige und immergrüne Staude. Sie wächst ausschließlich krautig, verholzt also nicht. Die Wuchsform der Pflanze wird von ihrer direkten Umgebung beeinflusst: Wenn mehrere Exemplare in einem dichten Bestand nebeneinanderstehen, stützen sie sich gegenseitig und wachsen aufrecht. Auch andersartige Pflanzen, an die sich die Bachbunge mit ihren schweren Trieben anlehnen kann, sorgen für eine vertikale Wuchsform. Dagegen haben vereinzelte Stängel einen schweren Stand; sie kippen irgendwann um und wachsen weiter – in niederliegender Form. Auf diese Weise bildet die Pflanze kissenartige Polster aus. Die neuen Triebe erscheinen in den Blattachseln; sie bilden Wurzeln und verzweigen sich weiter. Solche Teppiche aus Bachbungen können in Bereichen mit geringer Wasserströmung auch fluten, also schwimmend existieren. Die niederliegenden, kissenartig wachsenden Exemplare werden etwa 20 cm hoch. Aufrecht wachsende Formen erreichen dagegen bis zu 60 cm Höhe.
Der Stängel von Bachbungen ist rund geformt und wächst auffallend kräftig und saftig. Wie beim Löwenzahn ist er innen hohl. Auch die gegenständig am Stängel angeordneten Blätter erscheinen sehr saftig, dickfleischig und gummiartig. Sie sind glänzend, unbehaart und kaum gestielt. Die Blattform ist rundlich bis eiförmig. Die Blüten der Bachbunge sind typischerweise blau oder hellviolett, in seltenen Fällen erscheinen einzelne in Weiß. Die Blütezeit dauert von Mai bis September. Bachbungenblüten weisen jeweils nur vier Blütenblätter auf; darin wird eine weiße Blütenmitte sichtbar. Die Einzelblüten werden maximal 1 cm groß. Sie stehen in vielblütigen, gestielten Trauben zusammen, die aus den Blattwinkeln der Triebspitzen herauswachsen.

Typisch: *Ein gutes Erkennungsmerkmal der Bachbunge sind die dicken, fleischigen Blätter, die Dickblattgewächsen ähneln. Die kleinen, blauen Blüten erinnern stark an andere Ehrenpreis-Arten: Sie wachsen aus den Blattachseln der oberen Blätter und stehen in Trauben zusammen.*

Vorkommen Die Bachbunge braucht zum Gedeihen „nasse Füße": Ihr Standort ist direkt in Gewässern oder an flachen Ufersäumen, oft steht sie etwa bis zur unteren Hälfte im Wasser. Man findet sie auch an und in Gräben, Bächen und Quellfluren. Die Pflanze bevorzugt humose, nährstoffreiche, jedoch kalkarme Böden. An solchen Standorten wächst sie häufig und üppig. Im Gebirge gedeiht sie bis zur subalpinen Zone auf maximal 1900 m Höhe.

Charakteristische Inhaltsstoffe und Heilwirkungen Die Blätter und Triebspitzen der Bachbunge enthalten neben Gerbstoffen auch wertvolle Bitterstoffe, Glykoside und Flavonoide. Diese Stoffe sorgen für das schmackhafte, etwas bitter-würzige Aroma der Pflanze. In der modernen Literatur wird weiterhin von einem hohen Gehalt an Vitamin C berichtet. Aufgrund fehlender Analysen gibt es dazu jedoch keine genauen Mengenangaben.

Heilpflanzenkundige wie Hildegard von Bingen und Hieronymus Bock empfahlen die Bachbunge gegen die verschiedensten Leiden. In der Volksheilkunde wurden die Blätter und Triebspitzen als frischer Presssaft oder einfach roh als Salat verabreicht: vor allem zur Ausleitung von Giftstoffen, bei der Behandlung von Leber- und Gallenleiden sowie bei Verstopfung. Ihr englischer Name „horse cress" weist darauf hin, dass sie früher auch bei Pferden eingesetzt wurde. Heute findet die Bachbunge in der Naturheilkunde kaum noch Anwendung. Aufgrund der oben genannten Inhaltsstoffe wird ihr jedoch eine blutreinigende, den Cholesterinspiegel senkende und den Stoffwechsel anregende Wirkung zugeschrieben. Sie zählt zu den essbaren Wildpflanzen, die bei Frühjahrsmüdigkeit den Organismus wieder in Schwung bringen.

Bachbunge

Sammeltipps

Beim Sammeln der immergrünen Bachbunge ist es wichtig, auf naturnahe und saubere Standorte zu achten. Am sichersten ist es, in den Oberläufen von Gewässern nach den Pflanzen Ausschau zu halten. Gräben und Bäche, die sich in der Nähe von intensiv landwirtschaftlich genutzten Feldern oder bei Viehweiden befinden, sollte man dagegen meiden. Diese Pflanzen könnten mit Agrarchemie und Gülle belastet sein.

Bachbungen wachsen recht verbreitet, ihre Existenz ist durch den Menschen noch nicht gefährdet. Es sind vermehrungsfreudige, robuste Pflanzen, die gern in größeren Beständen erscheinen. Dennoch sollten auch sie mit Bedacht geerntet werden, damit sich die jeweilige Population wieder gut regenerieren kann. Als Faustregel gilt: maximal ein Drittel des jeweiligen Bestandes sammeln.

Wichtig ist auch, dass Sie das Erntegut sorgfältig reinigen. Am Naturstandort befinden sich häufig Insektenlarven und Parasiten an Blättern und Stängeln, die man zu Hause durch gründliches Waschen wieder loswerden kann.

Anbau in Garten, Teich und Terrarium Auch im heimischen Garten gedeihen Bachbungen gut und schnell. Der Standort sollte feucht, am besten sogar nass sein. Ideal ist der Rand eines Gartenteichs. Mit ihren immergrünen Blättern und den hübschen, kleinen, blauen Blüten macht sie hier eine gute Figur. Sogar in Kübeln lässt sie sich leicht kultivieren. Bei der Ernte im eigenen Garten kann man natürlich auch sicher sein, dass die Pflanzen keinerlei Umweltgifte enthalten. Die Bachbunge eignet sich darüber hinaus zur Pflanzung in einem naturnah gestalteten, feuchten Terrarium.

Verwendete Pflanzenteile und Erntezeit Die Wachstumsphase der Bachbunge dauert von April bis September. In dieser Zeit werden die jungen Triebspitzen gesammelt, also der obere Teil der Pflanze mit Stängel und frischen Blättern. Einzelne Blätter können ganzjährig geerntet werden, sogar im Winter kann man sie aufspüren. Die blauen Blüten sind ebenfalls essbar und verschönern Salate und Frischkost. In getrockneter Form behalten sie ihre blaue Farbe und bereichern Teemischungen.

junge Triebspitzen	April bis September
Blätter	ganzjährig
Blüten	Mai bis September

Rezepte

Möhrensalat mit Bachbunge

1 Handvoll Blätter und nach Saison auch Blüten von der Bachbunge
3 mittelgroße Möhren · 3 EL natives Olivenöl · etwas Zitronensaft · 1 EL Sahne/Rahm
1 TL Senf · Salz, Pfeffer · Rohrohrzucker oder Birnendicksaft

Die Blätter und Blüten der Bachbunge mehrfach und gründlich waschen, danach vorsichtig trocken schleudern. Möhren schälen, fein reiben und mit den Blättern und Blüten der Bachbunge vermischen. Auf Tellern oder einer Salatplatte anrichten. Aus den übrigen Zutaten ein Dressing anrühren und über den Salat träufeln. Diese Mischung versorgt uns mit Wurzelgemüse und frischem Grün – was den Salat besonders im Winter zu einer willkommenen Mahlzeit macht.

Rezept-Tipps: Durch Zugabe von gegarten Kastanienstückchen, in warmem Wasser eingeweichten Rosinen oder kleinen Apfel- bzw. Birnenwürfeln kann das Rezept zu einem winterlichen Festtagssalat ergänzt werden.
Wer es gern pikant mag, gibt noch eine kleine rote Chilischote, entkernt und in feine Ringe geschnitten, oder frisch geriebenen Ingwer ins Dressing.

Grüner Smoothie aus Bachbungen · ergibt 4 Gläser

6 Datteln, entsteint oder 2 große Feigen · 2 Handvoll Blätter oder Triebspitzen von der Bachbunge · 2 Bananen, geschält · 1 Zitrone oder Limette, Saft · 3 Gläser reines Wasser

Datteln oder Feigen in kleine Stücke schneiden. Blätter und Triebspitzen von der Bachbunge sorgfältig und mehrfach waschen. Alle aufgeführten Zutaten in einen leistungsfähigen Mixer geben. Mischung gründlich pürieren, bis keine festen Strukturen mehr zu erkennen sind. Smoothie auf die Gläser verteilen und mit jeweils einem Bachbungenblatt dekorieren. Besonders gegen Frühjahrsmüdigkeit sehr zu empfehlen!

Brotaufstrich mit Bachbungen

100 g Butter · 1 Handvoll Blätter oder Triebspitzen von der Bachbunge · Salz, Pfeffer

Die Butter bei Zimmertemperatur weich werden lassen. Blätter und Triebspitzen von der Bachbunge gründlich waschen und trocken schleudern. Zusammen mit der weichen Butter, Salz und Pfeffer in einem Cutter oder einem Mixgerät zu einem Aufstrich verarbeiten. Ist kein entsprechendes Gerät vorhanden, die Blätter sorgfältig mit einem

Möhrensalat mit Bachbunge

Wiegemesser zerkleinern. Das fein geschnittene Grün und die weiche Butter mithilfe einer Gabel vermischen. Den Aufstrich an einem kühlen Ort über Nacht gut durchziehen lassen.

Als nussige Variante lässt sich dieser Brotaufstrich auch gut mit Cashewkernen zubereiten. Dazu ersetzt man die Butter durch die gleiche Menge an Cashewkernen. Mit etwas Wasser zusammen erhält man im Mixer oder Cutter eine nussig-würzige Creme, die nach Belieben noch mit ein wenig Korianderpulver abgerundet werden kann.

Bachbungen-Dip

1 Handvoll Blätter oder Triebspitzen der Bachbunge · 100 g Quark · 25 ml Sahne/Rahm Kräutersalz, Pfeffer · 1 Prise Rosenpaprikapulver · 1/2 TL Rohrohrzucker · 1 Knoblauchzehe, geschält und fein geschnitten

Die Blätter und Triebspitzen der Bachbunge sorgfältig und mehrfach waschen, dann trocken schleudern. Zusammen mit den restlichen Zutaten im Mixer zu einem köstlichen Dip verarbeiten.

Rezept-Tipp: Anstelle von Quark und Sahne können Sie diesen Dip auch mit jeweils 100 g Mandelmus oder Seidentofu auf eine Handvoll Bachbungenblätter zubereiten. Der Dip passt hervorragend zu Rohkost-Sticks aus Gemüse oder zu Pellkartoffeln.

Bach-Nelkenwurz

Geum rivale

Porträt

Die Bach-Nelkenwurz gehört zur großen, vielgestaltigen Familie der Rosengewächse (Rosaceae) und kommt in den gemäßigten Breiten Europas und Nordamerikas vor. Von der Gattung Geum gibt es weltweit nur etwa 50 Arten. Hierzulande findet sich neben der Bach-Nelkenwurz noch die Echte Nelkenwurz (*Geum urbanum*).
Der botanische Name „rivale" deutet auf den Standort der Pflanze hin: „am Bach wachsend". Die Wurzeln enthalten das ätherische Öl Eugenol, das auch in Gewürznelken zu finden ist. Daher dienten früher die Wurzeln der Bach-Nelkenwurz üblicherweise als sehr aromatisches, heimisches Nelkengewürz. Auch in der Volksmedizin spielte die Heilpflanze eine wichtige Rolle. Zudem fällt die Feuchtwiesenblume durch wunderschöne, anmutige Blüten ins Auge, die auch von Bienen und Hummeln gern besucht werden. Aufgrund ihrer vielfältigen positiven Eigenschaften wurde die Bach-Nelkenwurz im Jahr 2007 zur „Blume des Jahres" ernannt. Damit sollte auch ein Zeichen zum Erhalt ihres Lebensraumes, der Feuchtbiotope, gesetzt werden.

Wuchs und Aussehen Die Bach-Nelkenwurz wächst als ausdauernde, mehrjährige Staude. Aus einer verdickten Wurzel heraus entwickelt sie sich jedes Jahr neu. Die Wuchshöhe der locker verzweigten Pflanze kann sehr unterschiedlich ausfallen – je nach pflanzlicher Nachbarschaft. Inmitten von üppigen Hochstaudenfluren muss sie sich dem Licht entgegenstrecken und erreicht bis zu 1 m Höhe, während sie im niedrigen Gras einer Feuchtwiese auch nur 25 cm hoch werden kann. Die gesamte Pflanze ist drüsig behaart. Ihre Stängel zeigen neben Grün eine rotbraun überlaufende

Färbung, besonders in den oberen Bereichen. Die Blätter sind unterschiedlich ausgebildet: Die Grundblätter am Erdboden sind lang gestielte Fiederblätter mit drei bis sechs Blattpaaren. Ihre Seitenblätter sind oft ungleich geformt und schließen mit großen, rundlichen oder gelappten Endblättern ab. Weiter oben am Stängel stehende Blätter weisen dagegen eine reduzierte Form auf: Sie sind viel kleiner, nur noch dreiteilig und kaum noch gestielt. Die Ränder aller Blätter sind gesägt. Je Blütenstängel entwickeln sich drei bis fünf nickende, herabhängende Blüten in auffälligen, ungewöhnlichen Farben. Ihre äußeren Kelchblätter sind spitz geformt und in einem dunklen Braunrot gefärbt. Dagegen weisen die rundlichen, innen liegenden Kelchblätter hellrosa bis violette Nuancen auf. Die späteren Samenstände bestehen aus vielen kleinen Nüsschen. Diese zeigen einen federigen Fortsatz und setzen im Verbund als aufrecht stehende Büschel neue dekorative Akzente.

Typisch: *Ganz unten, dicht über dem Erdboden fällt ein den Stängel umschließender Kranz aus bräunlichen Nebenblättern ins Auge.*

Vorkommen Die Bach-Nelkenwurz liebt feuchte, nährstoffreiche Böden in schattigen bis halbschattigen Lagen. Diese Bedingungen werden ihr an lichten Stellen in Auwäldern, im Uferbereich von Bächen und Flüssen, auf angrenzenden Feuchtwiesen und in Quellfluren geboten. Im Gebirge ist sie ein typischer Bestandteil von Hochstaudenfluren. Das sind üppige Pflanzengesellschaften aus mehrjährigen Stauden, die nährstoffreiche und sehr feuchte Hangschuttböden besiedeln. Hier ist die Bach-Nelkenwurz bis auf Höhen von 1900 m anzutreffen. Die Pflanze wächst insgesamt recht häufig, bildet allerdings keine Massenbestände, sondern steht eher verstreut oder in kleinen Gruppen.

Charakteristische Inhaltsstoffe und Heilwirkungen Wie die Echte Nelkenwurz (*Geum urbanum*) weist die Wurzel der Bach-Nelkenwurz ätherisches Öl (Eugenol) und einen hohen Gehalt an Gallotanninen (Gerbstoffen) auf. Weiterhin wurden Glykoside, Triterpene und Flavonoide nachgewiesen. Die Wirkung des aus der Wurzel zubereiteten Arzneimittels wird als zusammenziehend, entzündungshemmend, antibakteriell, schweißtreibend und tonisierend (anregend, kräftigend) beschrieben. Der Volksname „Herzwurz" weist darauf hin, dass sie auch als herzstärkendes Mittel eingesetzt wurde. In der Naturheilkunde wird die Wurzel innerlich bei Durchfällen angewendet sowie bei Entzündungen im Mund und Rachenraum (Mundspülungen, Gurgeln). Die Volksheilkunde empfiehlt die Einnahme des Wurzelpulvers unter anderem bei Fieber (früher auch als Ersatz für Chinarinde), Verdauungsbeschwerden und Appetitlosigkeit.

Sammeltipps

Die Wurzeln der Bach-Nelkenwurz wachsen meist nicht senkrecht ins Erdreich hinein, sondern verhalten sich eher wie seitlich der Pflanze liegende Rhizome. Aus diesem Grund hat sich folgende Erntemethode bewährt: In einem Abstand von etwa 20 cm zur Pflanze sticht man mit einem Spaten tief in die Erde hinein und hebt eine ganze Erdscholle heraus. Mithilfe einer kleinen Pflanzschaufel löst man dann die Wurzel aus der Scholle. Das entstandene Grabloch sollte gleich wieder aufgefüllt werden; andere mit herausgelöste Pflanzen setzt man wieder ein. Auf diese Weise vermeiden Sie das ungewollte Abstechen der Wurzel – und das Wühlen nach dem in der Tiefe versteckten Rest.

Anbau im Garten und am Teich In unseren Gärten gedeiht die auffällig dekorative Bach-Nelkenwurz sowohl am Teichufer als auch in halbschattigen Staudenrabatten oder Steingärten. Was die Pflege angeht, stellt die schnellwüchsige und frostharte Pflanze kaum Ansprüche – nur zu trocken darf es nicht sein.

Verwendete Pflanzenteile und Erntezeit Alle Teile der Bach-Nelkenwurz sind essbar. Ein besonderes Geschmackserlebnis bietet jedoch das aus der Wurzel zubereitete Gewürz, weniger das Blattgemüse oder die Blüten. Die Blätter fühlen sich zudem rau an und schmecken leicht bitter. Weiterhin gibt es zur Erntezeit im Mai und Juni eine Fülle anderer wilder Blattgemüse- und Salatarten, beispielsweise Giersch, Brennnessel oder Sommerlinde. Diese sind schmackhafter und stehen reichlich zur Verfügung. Deswegen werden hier ausschließlich Rezepte mit den Wurzeln der Bach-Nelkenwurz vorgestellt. In allen Gerichten, bei denen Zimt und Kardamom verwendet werden, ist das Bachnelkengewürz eine weitere aromatische Bereicherung. Für Gemüse- und Salatrezepte zu den anderen genannten Arten verweise ich hier auf die ersten beiden Bände dieser Reihe („Die 12 wichtigsten essbaren Wildpflanzen" und „Köstliches von Waldbäumen").

junge Blätter	Mai, Juni
Wurzeln	März, April und September, Oktober

Rezepte

Bachnelkengewürz

Die frisch ausgegrabenen Wurzeln von den kleinen Nebenwurzeln und den braunen Blattansätzen am oberen Ende befreien. Die Wurzeln mit einer Gemüsebürste im Wasser gründlich säubern und in dünne Scheiben schneiden (3–5 mm). Diese auf einem Backblech im Ofen oder in einem Dörrgerät bei 40 °C so lange trocknen, bis sie beim Wenden rascheln und sich spröde anfühlen. Sie müssen ganz durchgetrocknet sein. Die Wurzelscheiben in einer Haushalts- oder Kaffeemühle fein mahlen. Das Bachnelkengewürz in ein kleines Schraubdeckelglas füllen und kühl, trocken und dunkel lagern. Es schmeckt sehr aromatisch, leicht bitter, scharf und adstringierend (zusammenziehend). Richtig gelagert hält es mindestens ein Jahr.

Wildfrucht-Punsch mit Bachnelkengewürz · *ergibt 4 Becher oder Tassen*

*100 ml Sanddorn-Muttersaft · 100 ml Holunder-Muttersaft · 400 ml Wasser
300 ml roter Traubensaft · 300 ml Apfelsaft · jeweils 1 Msp Bachnelkengewürz, Zimt und Kardamom, gemahlen*

Alle Zutaten in einen Topf geben. Den Punsch erhitzen, aber nicht kochen! In vorgewärmten Tassen servieren.

Rezept-Tipp: Das Bachnelkengewürz aromatisiert allerlei Getränke – probieren Sie es doch einmal im Kaffee (auch Malz- und Eichelkaffee) oder im Chai (Gewürztee).

Rote-Bete-Carpaccio mit Bachnelkengewürz

4 kleine Rote-Bete-Knollen, nach Geschmack roh oder gekocht; alternativ gemischt mit der rot-weißen Chioggia-Bete · 2 EL Erdnussmus · 1 Zitrone oder kleine Orange, Saft je 1 Prise Meersalz und Rohrohrzucker · 1–2 Msp Bachnelkengewürz · 1 grüne Kardamomkapsel, Samen ausgelöst und fein zerstoßen · 1 Prise Kümmel oder Kreuzkümmel, gemahlen · Chilipulver, nach Geschmack · 30 g Pinienkerne

Rohe Rote Bete schmecken erdiger, gegarte leicht süßlich. Die kleinen Knollen garen schneller (ca. 25–30 Minuten) und lassen sich schöner als Carpaccio anrichten. Zeitsparend sind bereits gegarte, vakuumierte Rote Bete. Zuerst die Sauce zubereiten und nach Belieben abschmecken. Rohe oder gekochte Rote-Bete-Knollen schälen (evtl. Einmalhandschuhe verwenden, da der Saft stark abfärbt) und mit einem Gemüsehobel in feine Scheiben schneiden. Auf Portionstellern fächerförmig anrichten, mit der Sauce beträufeln und mit Pinienkernen bestreuen.

Brunnenkresse und Bittere Kresse

Nasturtium officinale und Cardamine amara

Porträt

In Mitteleuropa gedeihen die eher seltene Echte Brunnenkresse (*Nasturtium officinale*) und die weiter verbreitete Bittere Kresse (*Cardamine amara*), die auch als Falsche Brunnenkresse oder Bitteres Schaumkraut bezeichnet wird. Beide gehören der Familie der Kreuzblütengewächse (Brassicaceae) an. Die zwei Arten sehen sehr ähnlich aus, sind in der Natur an den gleichen Standorten zu finden – und auch bei Geschmack, Inhaltsstoffen und Erntezeiten wird die nahe Verwandtschaft deutlich. Deswegen werden in diesem Kapitel beide Pflanzen gemeinsam porträtiert.

Der lateinische Name „Nasturtium" wird aus „nasus" (Nase) und „torquere" (quälen) zusammengesetzt. Der römische Gelehrte Varro fällte mit der „Nasenqual" ein überaus hartes Urteil, das er mit dem würzig-scharfen Aroma begründete. Aus heutiger Sicht ist dies ein ungerechter Name für die gesunde, frischwürzige und beliebte Wildpflanze! Der deutsche Begriff „Brunnenkresse" lässt sich auf Hildegard von Bingen zurückführen. Die Kräuterkundige nannte das Kraut „Burncrasse", woraus später „Brunnenkresse" wurde. Hier ist allerdings kein Brunnen im heutigen Sinne gemeint, sondern ein Born, also eine Quelle – der typische Lebensraum der Brunnenkresse.

Eine weitere, nahe Verwandte ist das Wiesen-Schaumkraut (*Cardamine pratensis*), das hier in einem eigenen Kapitel beschrieben wird (siehe Seite 82). Diese Aufteilung ist durch Unterschiede im Aussehen, beim jahreszeitlichen Wuchsverhalten und Vorkommen begründet. Schließlich gibt es noch die Winterkresse oder auch Barbarakraut

(*Barbarea vulgaris*), die jedoch wiederum eine ganz eigene „Persönlichkeit" aufweist. Diese ebenfalls köstliche Art wird voraussichtlich in einem folgenden Band dieser Buchreihe vorgestellt.

Wuchs und Aussehen Beide Kresse-Arten sind auch im Winter grün und wachsen als ausdauernde, also mehrjährige Stauden. Ihre Stängel sind verzweigt und erscheinen zunächst in liegender Form. Mitunter werden am Ufer und im seichten Wasser ganze Teppiche ausgebildet. Später, besonders bei der Blüte, gedeihen die Pflanzen auch aufrecht. Zur Blütezeit erreichen sie eine Höhe von 60–80 cm; polsterförmig wachsende Exemplare werden nur etwa 20 cm hoch. Die Blätter beider Arten stehen wechselständig am Stängel, sehen fleischig-saftig aus und sind unpaarig gefiedert. Die Anzahl der Fiederpaare schwankt bei beiden zwischen eins und vier, das Endblatt der Fiederblätter ist jeweils deutlich größer. Beide Arten blühen weiß. Die Blüten bestehen aus jeweils vier Blütenblättern, wie es für Kreuzblütengewächse typisch ist. Beide Kresse-Arten bilden reichlich Samen. Sie wachsen in Schoten heran, die zweiklappig aufspringen. An folgenden Merkmalen lassen sich die beiden Arten trotz aller Gemeinsamkeiten unterscheiden:

Echte Brunnenkresse *Nasturtium officinale*	**Bittere Kresse / Falsche Brunnenkresse** *Cardamine amara*
rundliche Fiederblätter	schmalere, eiförmig zugespitzte Fiederblätter
weiße Blüten im Sommer (Juni bis September)	weiße Blüten im Frühjahr (April bis Juni)
6 gelbe Staubbeutel, 2 davon kürzer	6 violette Staubbeutel, alle gleich lang
hohler Stängel	markiger Stängel
gestielte Schoten (13–18 mm lang), stehen mehr oder weniger waagrecht ab	gestielte Schoten (2–4 cm lang), stehen mehr oder weniger aufrecht

Vorkommen Die für beide Kresse-Arten typischen Standorte sind Quellen, Quellfluren, kleine Gräben und Randbereiche in Oberläufen von Bächen. Wichtig ist klares, langsam fließendes Wasser. Die Echte Brunnenkresse kommt dabei weitaus seltener vor als die Bittere Kresse. In den Alpen gedeihen beide bis auf 1800 m Höhe. An diesen Standorten fließt Grundwasser aus dem Untergrund heraus, das in unseren Breiten ganzjährig etwa 8 °C kalt ist. Hier ist es für beide Kresse-Arten möglich, ganzjährig Stoffwechsel zu betreiben – und somit das ganze Jahr über zu wachsen.

Nur wenn diese Gewässer in sehr strengen Wintern zufrieren, müssen die Pflanzen eine Winterpause einlegen.

Die Echte Brunnenkresse wird unter anderem in Europa, z. B. in Deutschland, Frankreich, Holland und England als Kulturpflanze angebaut. In Deutschland befindet sich der umfangreichste und traditionsreichste Anbau bei Erfurt. Hier wird die Brunnenkresse ebenfalls ganzjährig kultiviert: in großen, seichten Becken, durch die langsam und stetig temperiertes Quellwasser fließt.

Charakteristische Inhaltsstoffe und Heilwirkungen Die Echte Brunnenkresse ist eine anerkannte Heilpflanze, die nur im frischen, unerhitzten Zustand wirksam ist. Das überaus gesunde Wildgemüse enthält sehr viel Vitamin C (80 mg pro 100 g Kraut). Weitere Inhaltsstoffe sind Flavonoide, Mineralien (Kalzium, Kalium, Phosphor) sowie Spurenelemente wie Jod und Eisen, außerdem die Vitamine A, D und E: ein wahres Kraftpaket also! Für den würzig-scharfen Geschmack ist das enthaltene Senfölglykosid bzw. das Senföl verantwortlich. Dieses wirkt antibiotisch, vermutlich in

Brunnenkresse

Kombination mit anderen, noch unbekannten Stoffen. Die keimhemmenden und harndesinfizierenden Effekte macht man sich in der Pflanzenheilkunde bei der Behandlung von Katarrhen der oberen Luftwege und bei Infektionen der ableitenden Harnwege zunutze.
Die Echte Brunnenkresse wird zudem zur Verbesserung des Stoffwechsels eingesetzt, beispielsweise zur Anregung von Leber und Galle, bei rheumatischen Beschwerden und Gicht. Brunnenkresse ist hautreinigend und trägt bei einer Frühjahrskur zur Entgiftung des Körpers bei. Zudem soll sie eine krebshemmende Wirkung besitzen.
Die Bittere Kresse ist keine anerkannte Heilpflanze. Sie verfügt aber ebenfalls über einen hohen Vitamin-C-Gehalt. Neben dem scharf schmeckenden Senfölglykosid besitzt sie auch Bitterstoffe, nach denen sie benannt wurde. Volksmedizinisch wird die Pflanze für entgiftende Frühjahrskuren und zur Anregung des Stoffwechsels genutzt.

Sammeltipps

Die Echte Brunnenkresse ist leider nicht mehr so weit verbreitet, in einigen Gebieten steht sie sogar unter Naturschutz. Daher ist es empfehlenswert, auf die häufigere Art der Bitteren Kresse auszuweichen. Bei der Ernte der wilden Kresse-Arten bitte immer achtsam vorgehen: Blätter und Triebspitzen mit einer Schere abschneiden oder vorsichtig mit den Fingernägeln abzupfen. Keinesfalls sollte man einfach an den Pflanzen reißen – weil sonst ganze Triebe herausgezogen werden, die im schlammigen Boden nur locker wurzeln.

Achtung In der Nähe von Viehweiden sollte man auf das Sammeln der Brunnenkresse verzichten! Hier besteht die Gefahr eines Parasitenbefalls mit dem Großen Leberegel (Fasziolose). In Deutschland sind nur wenige Einzelfälle bekannt; dennoch ist Vorsicht geboten.

Anbau im Garten, auf Balkon und Terrasse Beide Kresse-Arten brauchen einen Platz mit sanft fließendem Wasser, daher ist hier ein Quellstein (Material, Seite 12) nötig. Ist dies gewährleistet, kann man sie auch leicht selbst anbauen. Wichtig ist, dass der Boden nie vollständig austrocknet. Jungpflanzen der Brunnenkresse gibt es inzwischen in vielen Gärtnereien zu kaufen. Die Anzucht aus Samen ist natürlich auch möglich und erfolgt in normalen Töpfen mit Blumenerde, die ständig gut feucht gehalten werden. Sobald die Jungpflanzen einige Zentimeter hoch sind, können sie in das Quellstein-Becken oder in den Teich mit Quellstein gepflanzt werden. Der beste Standort ist im Halbschatten oder lichten Schatten.

Im Garten gräbt man an einer halbschattigen Stelle eine flächige Grube von etwa 40 cm Tiefe, die mit Teichfolie ausgelegt und bis knapp unter die ursprüngliche Oberfläche mit feinkrümeliger Erde befüllt wird. Entweder die Brunnenkresse-Samen (aus dem Fachhandel) darauf aussäen und immer gut feucht halten, bis die Jungpflanzen stabil eingewurzelt sind, und dann die Grube mit Wasser fluten. Alternativ zur Teichfolie bietet es sich auch an, eine Wanne oder eine große Schüssel im Erdboden zu vergraben und die Brunnenkresse hier auszusäen. Oder die vorgezogenen Jungpflanzen hier bzw. im Teich einpflanzen.

Auf Balkon oder Terrasse befüllen Sie ein wasserdichtes, mindestens 30 cm tiefes Gefäß 5–10 cm unter den Rand mit Gartenerde. Darauf kommt eine Schicht mit feinem Kies, darauf der Quellstein (Seite 12). Nun langsam und vorsichtig Wasser eingießen, damit die Erde nicht aufgewühlt wird. Die Kresse-Jungpflanzen so in das Kiesbett setzen, dass die Wurzeln Kontakt in die darunterliegende Erde haben.

Verwendete Pflanzenteile und Erntezeit Wie im Abschnitt zum Vorkommen beschrieben (siehe oben), können Blätter und Triebspitzen der beiden Kresse-Arten meist das ganze Jahr über gesammelt werden. Dabei wachsen im Frühjahr und Sommer mehr Pflanzen als im Herbst und Winter.

Blätter und Triebspitzen	ganzjährig

Rezepte

Brunnenkresse-Quark-Dip

1 Handvoll Blätter und Triebspitzen von der Brunnenkresse · 200 g Quark
etwas Sahne/Rahm oder Wasser, nach Bedarf · Salz, 1 Prise Rohrohrzucker
1 EL kalt gepresstes Lein- oder Olivenöl, nach Bedarf

Die Blätter und Triebspitzen sorgfältig waschen, klein hacken und unter den Quark mengen. Je nach gewünschter Konsistenz etwas Sahne oder Wasser zugeben. Mit Salz und Rohrohrzucker abschmecken. Besonders bei der Verwendung von Magerquark empfiehlt sich die Zugabe eines hochwertigen Öls.

Rezeptvariationen Einen Apfel mit Schale in den Quark reiben oder 1 EL getrocknete Cranberries daruntermischen (dann jeweils den Zucker weglassen). Alternativ eine Lauchzwiebel in feine Ringe schneiden und unterheben. Oder 2 EL gehackte Hasel- oder Walnüsse in den Quark mischen.

Rezept-Tipp: Dieser Dip eignet sich als frisch-pikanter Brotaufstrich. Er passt hervorragend zu Pellkartoffeln und zu allerlei Gemüsesticks wie Möhren, Stangensellerie, Wiesen-Bärenklau oder Gemüsepaprika.

Brunnenkresse-Salat

3 Handvoll Blätter und kurze Triebspitzen von der Brunnenkresse · 3 Handvoll Kopfsalatblätter · 1 rote Gemüsepaprika · 2 EL kalt gepresstes Olivenöl · 1 EL natürlicher Apfelessig (naturtrüb) · Salz und Pfeffer · 1 Prise Rohrohrzucker

Pure, frische Brunnenkresse kann für manchen Gaumen zu stark im Geschmack sein – daher empfiehlt sich eine Mischung mit mildem Salat wie Kopfsalat. Werden dabei die inneren, gelblichen Blätter mitsamt dem Salatherz verwendet, kommen die saftig-dunkelgrünen Blätter der Brunnenkresse noch schöner zur Geltung. Dazu passt rote Paprika mit ihrem süßen Aroma.

Die Blätter und Triebspitzen der Brunnenkresse zunächst gründlich waschen, Kopfsalatblätter ebenfalls waschen. Alles trocken schleudern. Salatblätter in mundgerechte Stücke zupfen. Paprika waschen, vom Strunk, den Kernen und weißen Trennwänden befreien und in kleine Stücke schneiden. Ein Dressing aus Olivenöl, Apfelessig, Salz, Pfeffer und Rohrohrzucker anrühren. Die Sauce unter den Salat mischen.

Rezeptvariationen Knackig gegarte Blumenkohl- oder Brokkoliröschen unter den Salat mischen und noch etwas Aceto Balsamico zum Dressing geben. Oder 50 g frische Champignons, in feine Scheiben gehobelt, unterheben. Oder halbierte Dattel- oder Kirschtomaten unter die Brunnenkresseblätter mischen.

Statt Kopfsalat und Gemüsepaprika zwei kleine gekochte Kartoffeln, geschält und gewürfelt, zusammen mit einer kleinen Avocado, gewürfelt, unter die Blättchen heben. Zu einer ganzen Mahlzeit wird dieser Salat, wenn dazu noch 50 g gekochter, abgekühlter Basmatireis gegeben wird. Dazu zwei Scheiben Ananas und eine kleine rote Zwiebel, beides fein gewürfelt, untermischen und das Dressing mit Tamari-Sojasauce und Sesamöl zusätzlich würzen. Den fertigen Salat dann mit Kokosflocken oder leicht gerösteten Kokosspänen bestreuen.

Rezept-Tipp: Die jungen Triebe und Blätter der Brunnenkresse ergeben als Auflage für belegte Brötchen und Sandwiches einen erstklassigen, frisch-würzigen Gurkenersatz. Mit dem hübschen Laubwerk lassen sich auch gut Buffets und kalte Platten garnieren.

Brunnenkresse-Gazpacho

1 Bio-Salatgurke · 3 Handvoll Blätter und Triebspitzen von der Brunnenkresse
2 vollreife Tomaten · 80 g Cashewkerne · etwas reines Wasser, bei Bedarf · Salz, Pfeffer, Rohrohrzucker · etwas Zitronensaft oder Schalenabrieb von $^1/_2$ unbehandelten Bio-Zitrone

Die Salatgurke ungeschält in Stücke schneiden. Die Blätter und Triebspitzen der Brunnenkresse sorgfältig waschen und zusammen mit Gurkenstücken, Tomaten und Cashewkernen in einen leistungsstarken Mixer geben. Eventuell muss anfangs etwas reines Wasser zugegeben werden, damit die Messer des Mixers greifen. Die Masse zu einer cremigen, kalten Suppe pürieren. Mit Salz, Pfeffer, Rohrohrzucker und etwas Zitronensaft abschmecken. Wenn die Konsistenz der Suppe dicker sein soll, mehr Cashewkerne hinzufügen.

Rezeptvariationen Vor dem Servieren 3–4 EL fein gewürfelte rote Gemüsepaprika und eine frisch gepresste Knoblauchzehe in die Suppe rühren. Oder Würfel von Schafs- oder Ziegenkäse über die Suppe streuen. Oder wie bei der Original-Gazpacho noch ein Schälchen mit Gurken- und Tomaten- sowie Zwiebelwürfeln dazu reichen. Oder ein bis zwei Scheiben Vollkorntoast in wenig Olivenöl anrosten, in Croutons schneiden und über die Suppe streuen. Oder in die pürierte Suppe noch eine Handvoll ausgepalte frische Erbsen und drei bis vier fein gehackte Minzeblättchen geben und mit etwas flüssiger Sahne oder Mandelsahne garnieren.

Brunnenkresse-Butter

250 g Butter · 1–1 $^1/_2$ Handvoll Blätter und Triebspitzen von der Brunnenkresse
1 TL Kräutersalz · nach Geschmack $^1/_2$ unbehandelte Bio-Zitrone, feiner Schalenabrieb

Die Butter in eine tiefe Schüssel geben und für einige Zeit bei Zimmertemperatur weich werden lassen. Die Blätter und Triebspitzen der Brunnenkresse gründlich waschen, trocken schleudern und sehr fein schneiden. Zusammen mit dem Salz und dem Zitrusschalenabrieb in die weiche Butter einarbeiten; am besten mithilfe einer Gabel. Die Brunnenkresse-Butter in eine Vorratsdose füllen, kalt stellen und vor dem Verzehr etwa zwölf Stunden durchziehen lassen.

Brunnenkresse-Quark-Dip (Seite 28)

Kohldistel

Cirsium oleraceum

Porträt

Die Kohldistel, auch Kohl-Kratzdistel genannt, gehört zur Familie der Korbblütler (Asteraceae) und kommt in Mitteleuropa sehr häufig vor. Volksnamen wie „Gemüsedistel" oder „Wiesenkohl" sprechen für sich: Die Pflanze war in früheren Zeiten ein sehr beliebtes Gemüse, dessen Verwendung mittlerweile fast in Vergessenheit geraten ist. Deutlich wird die einstige kulinarische Nutzung auch durch den Begriff „Kohl", der früher fast gleichbedeutend wie das Wort „Gemüse" verwendet wurde! Kohl hieß bei den Kelten auch „Mus" – aus diesem Begriff entwickelte sich schließlich „Gemüse". Laut einer Erhebung aus dem Jahr 1878 wurden damals zwei Drittel der Gemüse-Anbaufläche in Deutschland mit verschiedenen Kohlarten bestellt. Der amerikanische Spitzname für uns Deutsche („Krauts") kommt also nicht von ungefähr!
Entgegen ihres etwas stachligen Aussehens kommen sowohl die jungen Blätter als auch die Triebe weich und zart auf unserer Zunge an. Das Besondere aber ist der Geschmack ihrer Blütenböden: Das feine, mild-würzige Aroma erinnert an Artischocken.

Wuchs und Aussehen Als mehrjährige, sehr aufrecht stehende Staude wächst die Kohldistel aus verdickten Wurzeln heraus. Die Pflanze ist weit weniger stachlig als es ihr Anblick und der Name „Distel" vermuten lassen. Während der Blütezeit im Hochsommer erreicht sie eine Höhe von 50–150 cm. Die Stängel sind gefurcht, wenig oder gar nicht behaart und verzweigen sich fast immer erst im oberen Bereich, unterhalb der Blüten. Die Blätter weisen unterschiedliche Formen auf: Im unteren Bereich der Pflanze sind sie meist tief eingeschnitten, fast fiederspaltig. Im oberen Teil sind sie dagegen deutlich kleiner und ungeteilt. Die Blätter im unteren Pflanzenbereich sind blassgrün gefärbt und weisen einen gezähnten Blattrand auf. Oben, auf der Höhe der Blüten, erscheinen die Blätter gebleicht. Hier sind sie zudem sehr scharf gesägt und leicht stachlig. Die beigefarbenen Blüten stehen an der Spitze der Stängel zu mehreren in Büscheln.

***Typisch:** Die Blüten sind von grünen bis cremeweißen, eiförmigen Hochblättern umgeben und sehen wie eingepackt aus – da die Hochblätter die eigentlichen Blüten oft überragen.*

Vorkommen Die Pflanze gedeiht auf nährstoffreichen, lehmig-tonigen Böden und liebt Staunässe. Die Kohldistel ist eine sogenannte Zeigerpflanze: Auch ohne Bodenuntersuchung weist ihr Vorkommen verlässlich auf staunasse, grundwassernahe Bodenbedingungen hin. Als „Charakterart" von Feuchtwiesen kommt sie hier entsprechend häufig vor. Man findet die Pflanze auch an Ufern, auf lichten Stellen in Auwäldern und in Hochstaudenfluren im Gebirge. In den Alpen wachsen Kohldisteln bis auf 2000 m Höhe.

Charakteristische Inhaltsstoffe und Heilwirkungen Die oberirdischen Teile der Kohldisteln enthalten Gerb- und Bitterstoffe, Alkaloide und ätherisches Öl. Die Wurzeln weisen Inulin und Flavonoide auf. Das Inulin wirkt prebiotisch: Es sorgt dafür, dass sich günstige Mikroorganismen stärker vermehren und die Darmflora positiv beeinflussen. Auch aufgrund der Bitterstoffe liegt eine verdauungsfördernde Wirkung nahe. Dennoch ist die Kohldistel keine klassische Heilpflanze und wird auch in der Volksmedizin kaum verwendet.

Sammeltipps

Bei der Ernte von Blättern, Trieben und Blüten sollten mögliche Bewohner der Pflanze (wie z. B. Insekten) gleich am Fundort abgeschüttelt oder weggeblasen werden. Das erspart die spätere Arbeit in der Küche und sichert den Tierchen ein weiteres schönes Leben. Zur Ernte der Wurzeln benutzen Sie am besten einen Spaten. Diesen sollte man jedoch nicht direkt an der Pflanze ansetzen, da sonst die teilweise seitlich wachsenden Wurzeln abgestochen werden könnten. Mithilfe einer kleinen Pflanzschaufel kann man die Wurzel dann aus der großzügig bemessenen Erdscholle befreien.
Um den Eingriff in die jeweilige Vegetation möglichst gering zu halten, werden am besten andere ausgegrabene Pflanzen (beispielsweise Grasbüschel) in das entstandene

Kohldistel

Erdloch eingesetzt. An Standorten, wo nur wenige Kohldisteln gedeihen, sollte man auf das Ausgraben der Wurzeln verzichten und sich mit dem Blattgemüse begnügen.

Anbau im Garten Die Kohldistel macht sich gut im Staudenbeet oder als Bestandteil einer Feuchtwiese im Garten. Die frostharte Nektar- und Pollenpflanze ist mehrjährig und kann aus Samen gezogen werden. Der ideale Standort ist sonnig bis halbschattig mit einem feuchten bis nassen, kalkhaltigen Boden.

Verwendete Pflanzenteile und Erntezeit Die ganze Pflanze ist essbar. Im Lauf der Jahreszeiten gibt es bei der Kohldistel immer etwas zu ernten: die zarten Blätter und Triebe im Frühjahr, die Blüten im Hochsommer und das ergiebige, zarte Wurzelgemüse im Herbst und Winter.

Blätter	März bis Juni
Triebspitzen	März bis Juni
Blüten	Juni bis September
Wurzeln	September bis Dezember

Rezepte

„Artischocken" von der Kohldistel Der Blütenboden einer Kohldistel erinnert im Geschmack an Artischocke! Das feinste Aroma besitzen die frisch aufgegangenen Blüten. Die Blütenböden können roh als Vorspeise oder als Beigabe im Salat gegessen oder wie Artischockenherzen als Antipasti eingelegt werden. Dabei am besten nur sehr große Blüten verwenden, weil das Entfernen der vielen Blüten- und Hüllblätter – entweder von Hand oder mithilfe eines kleinen Messers – recht arbeitsaufwendig ist. Danach die Blütenböden etwa zwei Minuten lang in einem Sud aus Wasser, Salz und **Estragonessig** kochen. Die heißen Blütenböden in zuvor zehn Minuten abgekochte, möglichst noch heiße Schraubdeckelgläser füllen. Die Blütenböden mit dem heißen Sud übergießen. Die Gläser verschließen, kurz auf den Kopf stellen, wieder herumdrehen und langsam abkühlen lassen.

Diese Delikatesse aus den Blütenböden der Kohldisteln kann auch gut in **Olivenöl** konserviert werden: Dazu die etwa zwei Minuten lang gekochten, gut abgetropften Blütenböden in luftdicht schließende Gläser füllen. Dann mit mediterranen Kräutern zusammen in kalt gepresstem Olivenöl einlegen.

Rezept-Tipp: Diese „Artischocken" können auch aus allen anderen Cirsium-Arten bereitet werden (Ausnahme: Silberdistel, Carlina acaulis, die unter Naturschutz steht). Der traditionelle Volksname für diesen Genuss lautet „Jägerbrot".

Kohldistel-Salat

2 Handvoll zarte Blätter, junge Triebe und Stängel von der Kohldistel · 1 kleine, rote Zwiebel · 1 süßer Apfel · 1 Möhre · 3 EL kalt gepresstes Olivenöl · 1 EL Zitronensaft Salz, Pfeffer, Rohrohrzucker · 1 TL Senf

Die Blätter, Triebe und Stängel der Kohldistel gründlich waschen und trocken schleudern. Dickere Stängel schälen und in mundgerechte Stücke schneiden, größere Blätter etwas zerkleinern. Zwiebel schälen und in kleine Würfel schneiden. Apfel ebenfalls schälen, entkernen und würfeln. Möhre waschen und fein reiben, alles miteinander vermengen. Aus den restlichen Zutaten ein Dressing anrühren und unter den Salat mischen.

Bandnudeln mit Kohldistel-Gemüse

8 Handvoll Blätter von der Kohldistel · 500 g Bandnudeln · 2 EL Olivenöl 2 Zwiebeln · 2 Knoblauchzehen · 200 ml Gemüsebrühe · Salz und Pfeffer etwas Zitronensaft · 200 g Blauschimmelkäse

Die Kohldistel-Blätter sorgfältig waschen, trocken schleudern und in feine Streifen schneiden. Wasser in einem Topf zum Kochen bringen, um die Bandnudeln darin zu garen (laut Packungsbeschrieb). Währenddessen Olivenöl in einer tiefen Pfanne erhitzen und die geschälten, klein gewürfelten Zwiebeln darin anschwitzen. Knoblauch schälen, in feine Scheiben schneiden und kurze Zeit auf niedriger Stufe mitbraten lassen, dabei öfter umrühren. Dann mit Gemüsebrühe ablöschen, und die klein geschnittenen Kohldistel-Blätter dazugeben. Das Gemüse einige Minuten zugedeckt auf kleiner Flamme gar dünsten, gelegentlich umrühren. Mit Salz, Pfeffer und Zitronensaft abschmecken. Den Blauschimmelkäse in kleine Würfel schneiden. Die gegarten, noch heißen Bandnudeln mit Käsestückchen und Gemüse vermischen, heiß servieren.

Wurzelgemüse mit Kohldisteln

500 g Wurzeln von der Kohldistel (am besten aus dem eigenen Garten) · 500 g Pastinaken, Petersilienwurzeln, Möhren oder Wurzelgemüse nach Wahl · 3 EL hoch erhitzbares Sonnenblumenöl · etwas Gemüsebrühe · Salz, Pfeffer, Rohrohrzucker · 1 EL Bärlauchpesto oder frische Petersilie oder Giersch

Die Wurzeln von der Kohldistel mit einer Gemüsebürste gründlich reinigen, schälen und in Stifte schneiden. Pastinaken säubern und in Stifte schneiden. Sonnenblumenöl in einer Pfanne heiß werden lassen, Wurzelgemüse und Kohldistel-Wurzeln dazugeben. Unter häufigem Wenden etwa zwei Minuten ohne Flüssigkeit anbraten, dann mit etwas Gemüsebrühe ablöschen. Mit Salz, Pfeffer und Rohrohrzucker abschmecken. Zugedeckt garen lassen, bis das Gemüse weich ist, aber noch Biss hat. Vor dem Servieren je nach Geschmack das Bärlauchpesto untermengen oder das Wurzelgemüse mit fein gehackter Petersilie oder Giersch bestreuen.

Bandnudeln mit Kohldistel-Gemüse

Mädesüß

Filipendula ulmaria

Porträt

Das Mädesüß ist eine weitverbreitete und auffällige Großstaude: Mit Wuchshöhen bis zu 150 cm, den großen Blütendolden und einem weithin wahrnehmbaren Duft nach Vanille und Honig ist sie nicht zu übersehen. Kaum ein Graben, feuchter Wiesenrand oder Ufer, an dem im Frühsommer nicht die filigran aufgebauten, cremeweißen Blütenstände in der Landschaft leuchten. Die Pflanze stammt aus der Familie der Rosengewächse (Rosaceae); sie ist in großen Teilen Mittel- und Nordeuropas zu finden. Ihren deutschen Namen erhielt sie vermutlich daher, weil die Blüten zum Süßen und Aromatisieren von Met (Honigwein) genutzt wurden. Aufgrund der medizinischen Eigenschaften des Mädesüß konnte man so auch gleich den „Kater" am nächsten Morgen abmildern. Mit „süßen Mädchen" hat die Pflanze jedenfalls keine gemeinsame Geschichte. Volksnamen sind Wiesenkönigin, Wiesengeißbart, Bienekraut, Bocksbart, Julikraut oder Spierstaude. Die duftenden Blüten wurden im Mittelalter gerne auf die Fußböden von Häusern, Kirchen oder festlich geschmückten Räumen gestreut. Bei den keltischen Druiden zählte das Mädesüß zu den wichtigsten heiligen Pflanzen. Schon die Germanen verwendeten sie als Schmerzmittel. Der entscheidende Wirkstoff, das Salicin, wird heute synthetisch hergestellt, beispielsweise für das Medikament „Aspirin". Aus dem Mädesüß wurde der kostbare Wirkstoff erstmals isoliert und später auch künstlich produziert. So stammt auch der Name des weltweit verbreiteten Medikaments vom Mädesüß – ihr alter botanischer Name lautet „Spirea".

Wuchs und Aussehen Das Mädesüß gedeiht als ausdauernde, mehrjährige Staude. Oft bildet die Pflanze ganze Gruppen oder einzelne, große Horste, die jedes Jahr aufs Neue aus den verdickten Wurzeln heraussprießen. Mit ihren Blütenständen erreicht das Mädesüß Höhen bis zu 150 cm und ragt damit gut sichtbar aus den Gräsern der Feuchtwiesen heraus. Die einzelnen Stängel wachsen straff senkrecht und verzweigen sich erst im oberen Bereich, unterhalb der Blüten. Häufig zeigen die kantigen Stängel und die Blattstiele eine rote Färbung. Die Blätter sind charakteristisch gefiedert: Bei den sich gegenüberstehenden zwei bis fünf Blattpaaren wechseln sich Paare aus größeren Blättern mit deutlich kleineren Blattpaaren ab. Das Endteilblatt ist dreilappig. Die Blattränder sind gesägt, die Unterseiten silbrig gefärbt. Die vielen kleinen, weißen Blüten stehen in trichterförmig angeordneten Blütenrispen zusammen, was als Spirre oder Trichterrispe bezeichnet wird. Die einzelne Blüte besitzt meist fünf, selten sechs Blütenblätter und sehr viele Staubblätter.

Typisch: *Besonders zur Erntezeit der Blüten ist das Mädesüß eine auffällige Erscheinung: Die hochgewachsene Staude besitzt üppige, cremeweiße, trichterförmig angeordnete Blütenrispen. Ihr feiner, süßer Duft ist oft schon von Weitem wahrnehmbar.*

Vorkommen Das Mädesüß ist in Mitteleuropa ein typischer Bestandteil der Auen- und Ufervegetation von Bächen, Flüssen und Seen. Die Pflanze wächst nicht nur in der Nähe von offenen Gewässern, sondern auch sehr häufig in und an Gräben und auf moorigen Feuchtwiesen. Die Staude ist weit verbreitet und bildet oft Massenbestände aus. Sie bevorzugt nährstoffreiche Lehm- und Tonböden. Im Gebirge ist sie bis auf Höhen von 1400 m zu finden.

Charakteristische Inhaltsstoffe und Heilwirkungen Das Mädesüß ist eine schulmedizinisch anerkannte Heilpflanze, deren Heilwirkungen in Studien nachgewiesen werden konnten. Die Medikamente aus den natürlichen oder synthetisch hergestellten Wirkstoffen (v.a. Salicylsäure) werden hauptsächlich zur Behandlung von Erkältungskrankheiten, bei Kopfschmerzen und rheumatischen Beschwerden sowie zur Förderung des Harndrangs eingesetzt. Die Wirkungen sind entzündungshemmend, fiebersenkend, schmerzlindernd, schweißtreibend, hautberuhigend und juckreizstillend. Arzneimittel aus den Blüten stehen als Tee, Extrakt, Tinktur und ätherisches Öl zur Verfügung.
Mädesüß-Blüten enthalten bis zu 5 % Flavonoide, weiterhin Gerb- und Schleimstoffe. Die Blüten enthalten zudem 0,2–0,5 % einfache Phenolglykoside, aus denen durch Trocknen und Lagern ätherisches Öl entsteht. Hauptbestandteil dieses ätherischen

Öls ist Salicin, das in der Leber zu Salicylsäure umgewandelt wird (Bäumler 2007, Seite 279). Der Tee aus den getrockneten Blüten ist medizinisch wertvoller als ein Aufguss von frischen Blütenblättern. In der Volksmedizin kommt Mädesüß bei den oben beschriebenen Indikationen schon sehr lange zum Einsatz. Darüber hinaus nutzte man die Heilpflanze auch bei Blasen- und Nierenbeschwerden, Muskelschmerzen und Durchfallerkrankungen. Vorsicht: Mädesüß sollte bei einer Salicyl-Unverträglichkeit nicht angewendet bzw. verspeist werden!

Mädesüß-Blüten

Mädesüß-Blätter

Sammeltipps

Die Blütenrispen vom Mädesüß blühen von unten nach oben durch. Wenn die untere Hälfte aufgeblüht ist, kann die Rispe geerntet werden. Der beste Zeitpunkt zum Sammeln ist wie bei allen Heilkräutern der späte Vormittag eines windstillen und trockenen Tages. Der Tau der Nacht sollte abgetrocknet, die Pflanze aber noch keinem Stress durch starke Sonneneinstrahlung oder Wind ausgesetzt sein. Eine möglichst gute Tee-Qualität erhält man, wenn die Blüten kurz nach dem Aufblühen gesammelt werden. Ältere oder annährend verblühte Blüten besitzen weitaus weniger Wirkstoffe. Damit sich unerwünschte Krabbeltiere aus den Blüten entfernen, kann man sie für etwa eine Stunde ausgebreitet liegen lassen. Dann die Blüten leicht ausschütteln.

Anbau im Garten Mädesüß ist eine sehr pflegeleichte und zugleich wunderschöne, anmutige Staude für den naturnah gestalteten Garten. Besonders in der Nähe eines Teiches oder mit Gehölzen im Hintergrund kommt sie gut zur Geltung. Neben der hier beschriebenen, einheimischen Pflanze ist auch eine aus Nordamerika stammende Art für den Garten zu empfehlen: das Prärie-Mädesüß (*Filipendula rubra*). Eine dazugehörige Sorte mit intensiv rosa gefärbten Blüten heißt 'Venusta'.

Verwendete Pflanzenteile und Erntezeit Besonders aromatisch sind die Mädesüß-Blüten von Juni bis Anfang Juli. Die jungen, noch zarten Blätter werden im April und Mai gesammelt; in Kombination mit milder schmeckenden Arten ergeben sie Blattgemüsegerichte und Salate. Das saisonale Angebot für diese Zubereitungen ist im Frühling jedoch überaus groß (Vergleiche Band 1 dieser Reihe: „Die 12 wichtigsten essbaren Wildpflanzen"). Deswegen besteht keine Notwendigkeit, die etwas herb schmeckenden Mädesüß-Blätter zu sammeln.

junge Blätter	April, Mai
Blüten	Juni bis Anfang Juli

Rezepte

Mädesüß-Risotto mit Zitrone und Minze

1 l reines Wasser · 2 Handvoll Mädesüß-Blüten · 40 g Butter · 1 EL Olivenöl
275 g Risottoreis, z. B. Carnaroli, Arborio oder Vialone Nano · 75 ml trockener Weißwein
2 unbehandelte Bio-Zitronen, Schalenabrieb oder mit dem Zestenreißer abgezogen
$^1/_2$ TL Meersalz · 1 EL Rohrohrzucker oder Honig · 2 EL Sahne/Rahm · einige Minzeblättchen, fein gehackt

Das Wasser auf 40 °C erwärmen, Topf vom Herd nehmen und Mädesüß-Blüten dazugeben. Abgedeckt über Nach ziehen lassen und am nächsten Tag durch ein Sieb in einen Topf abgießen (es sollten ca. 900 ml Flüssigkeit sein).
In einem schweren Topf Butter und Olivenöl erhitzen. Den Reis mit einem Holzlöffel ca. eine Minute einrühren, bis alle Reiskörner vom Fett überzogen sind. Wein zugießen und eindampfen lassen. Ist die Flüssigkeit vom Reis aufgenommen, eine Kelle heißen Mädesüß-Auszug zugießen, köcheln lassen, gelegentlich umrühren. Immer so weiter verfahren, sobald die Flüssigkeit aufgenommen ist. Nach 20–25 Minuten ist der Reis al dente; innen noch mit Biss und außen weich.
Zitronenschale, Salz, Zucker und Sahne unterrühren und zuletzt die gehackten Minzeblätter unterheben. Den Topf vom Herd nehmen und zugedeckt noch zwei Minuten ziehen lassen.

Rezept-Tipp: Risotto in vier vorgewärmte Schalen schöpfen und mit einer Fruchtsauce oder pürierten Früchten (Erdbeeren, Himbeeren oder Aprikosen) servieren.

Blütentee mit Mädesüß Ein Tee aus Mädesüß-Blüten ist bei verschiedenen Beschwerden wirksam (siehe oben: Charakteristische Inhaltsstoffe und Heilwirkungen). Um die empfindlichen Wirkstoffe der Blüten (ätherisches Öl und Flavonoide) nicht zu zerstören, ist auf eine schonende und sorgfältige Trocknung achten: Die frischen Blüten bei maximal 40 °C in unzerkleinertem Zustand trocknen. Man kann sie locker gebündelt an einem schattigen, luftigen Ort zum Trocknen aufhängen. Darunter wird ein Tuch gelegt, um herabfallende Blüten aufzufangen. Ideal ist der Einsatz eines Dörrgerätes mit Temperaturregler und Zeitschaltuhr. Den Tee in sauberen Dosen oder Schraubdeckelgläsern lagern: kühl, trocken und vor Licht geschützt. Auf diese Weise bleiben die Inhaltsstoffe mindestens ein Jahr erhalten. Die empfohlene Tagesdosis für Erwachsene und Kinder ab zehn Jahren liegt bei 2,5–3,5 g. Für Babys ist dieser Tee nicht geeignet, Kleinkinder erhalten täglich 1–2 g, Kinder von vier bis zehn Jahren 2–3 g (Bäumler 2007, S. 279).

Bei der Zubereitung die Blüten lose in eine Teekanne geben und mit kochend heißem Wasser übergießen (1/2 TL Blüten auf 150 ml Wasser). Zugedeckt zehn Minuten ziehen lassen, dann durch ein Sieb abgießen.

Rezept-Tipp: Die hübschen Blütendolden lassen sich auch in alkoholische Getränke wie Weißwein und Bowle einlegen.

Mädesüß-Blüte

Mädesüß-Drink · ***ergibt 4 Gläser***

1 l reines Wasser · 2 Handvoll Mädesüß-Blüten · 2 Limetten, Saft
1 EL Rohrohrzucker · Salz

Das Wasser in einem Topf auf 40 °C erwärmen. Vom Herd nehmen und die Mädesüß-Blüten dazugeben. Topf über Nacht abgedeckt stehen lassen. Den wässrigen Auszug am nächsten Morgen durch ein Sieb abgießen. Saft der Limetten dazugießen. Rohrohrzucker und eine kräftige Prise Salz unterrühren, bis sich die Kristalle auflösen. Drink in einer Karaffe kalt stellen. Die Gläser vor dem Servieren mit einem Zuckerrand und einer Limettenscheibe dekorieren.

Rezeptvariante Eine Zimtstange und drei Gewürznelken mit den Blüten über Nacht im Wasser ziehen lassen. Vor dem Servieren eine Prise Muskatnuss darüber reiben.

Rezept-Tipp: Dieser Mädesüß-Drink hilft gleich in mehrfacher Hinsicht gegen Kopfschmerzen: Das reine Wasser wirkt zusammen mit dem Vitamin C der Limetten und der Salicylsäure aus den Mädesüß-Blüten.

Dessert mit Mädesüß

1 l reines Wasser · 2 Handvoll Mädesüß-Blüten · 1 Prise Salz · 2 EL Rohrohrzucker
1 Zitrone oder Limette, Saft · 200 ml Sahne/Rahm · 250 g Weichweizen- oder Dinkelgrieß · 150 g Erdbeeren · 1 Banane

Am Vorabend aus Wasser und Blüten einen Auszug ansetzen (im obigen Rezepte beim Drink beschrieben). Die Flüssigkeit am nächsten Tag durch ein Sieb in einen Topf gießen. Salz, Rohrohrzucker, Zitronen- oder Limettensaft und Rahm dazugeben. Die Mischung erhitzen und unter Rühren den Weichweizen- oder Dinkelgrieß einrieseln lassen. Kurz aufkochen, dann ausquellen lassen. Den heißen Brei in zuvor kalt ausgespülte Gläser füllen. Den Grießbrei darin abkühlen lassen, anschließend auf kleine Dessertschalen stürzen. Dazu passt eine rohe Fruchtsauce aus Erdbeeren und Banane: Beides im Mixer zerkleinern und zuletzt über das Dessert träufeln.

Rezept-Tipp: Mit den blumig duftenden Mädesüß-Blüten lassen sich allerlei Süßspeisen wie Pudding, Cremes und Schlagsahne aromatisieren. Dazu die Blüten einfach mit der Kochflüssigkeit aufkochen oder mehrere Stunden darin ziehen lassen.

Mädesüß-Drink (Seite 43)

Schilf

Phragmites australis

Porträt

Das Schilf ist unsere größte einheimische Grasart, es kann bis zu 4 m hoch werden. Schilfgras ist weltweit verbreitet und prägt auch hierzulande den Charakter ganzer Landstriche – das seichte Nordufer des Bodensees zwischen Konstanz und Radolfzell, die Niederung des Neusiedler Sees in Österreich oder die Sumpflandschaften an Havel und Spree in Brandenburg. Die stabilen Schilfhalme werden vor allem als bewährtes, traditionelles Baumaterial genutzt: Matten aus Schilf halten den Putz vieler Altbauten an Decken und Wänden fest, die Halme verwendet man zum Dachdecken. Die qualitativ besten Schilfhalme wachsen in den sumpfigen und vom salzigen Grundwasser beeinflussten Marschgebieten der Nordseeküste und an den schwach salzigen Boddengewässern der Ostseeküste. Man nutzt sie bis heute zum Decken der in diesen Landschaften weitverbreiteten, traditionellen Reetdächer.
Aber ist Schilf wirklich essbar? Ein Blick auf die botanische Verwandtschaft und in chinesische Küchen beantwortet diese Frage: Unser Schilfgras gehört zur Familie der Süßgräser (Poaceae) – wie der Bambus mit seinen schmackhaften Sprossen.

Wuchs und Aussehen Die kräftigen, unverzweigten und röhrenförmigen Schilfhalme werden meist etwa 2 m hoch; sie können aber auch bis zu 4 m erreichen. In der Wachstumsphase kann die Pflanze an einem Tag bis zu 3 cm wachsen! Auf geeigneten Flächen erscheint sie daher rasch in Massenbeständen. Der im schlammigen Untergrund kriechend wachsende, kräftige Wurzelstock entwickelt in jedem Frühjahr ab März neue Halme. Sie wachsen zwischen den abgestorbenen, jedoch immer noch aufrecht stehenden Halmen des Vorjahres empor. Schon Ende Mai/Anfang Juni haben sie die Höhe der alten Schilfhalme erreicht und bestimmen mit ihrem frischen Grün das Landschaftsbild. Die einzelnen Schilfblätter sind graugrün, glatt, lang und spitz geformt. Beim Berühren fühlt man ihren scharfen Rand. Die Blattscheiden umhüllen den Halm und überlappen sich. Die etwa 40 cm langen Blütenrispen erscheinen im Hochsommer; sie sind von beige über rötlich bis braun gefärbt. Die Samen des Schilfs werden erst im Spätherbst reif. Die Pflanze vermehrt sich auch durch niederliegende, neu bewurzelnde Halme und über Wurzelausläufer, die bis zu 20 m lang werden können: Schilf steckt voller Energie!

***Typisch:** Eindeutig zu erkennen ist das Schilfrohr an der Stelle, wo sich das Blatt vom Halm löst (Ligula): Statt des Blatthäutchens ist hier ein heller Haarkranz aus weißen, feinen Fasern erkennbar.*

Vorkommen Schilfgras prägt ganze Landschaften: Im Flachwasser- und Uferbereich von Seen und Teichen ist es eine Charakterpflanze. Die Pflanzen gedeihen nicht nur in stehenden, sondern auch im Randbereich von langsam fließenden Gewässern sowie in schwach salzigem Meerwasser. Auch die Flächen ehemaliger, längst verlandeter Gewässer sind oft von Schilfröhrichten bewachsen. Man findet die Pflanze weiterhin in feuchten Wiesen und verstopften Gräben der Feldflur. Im Gebirge wächst das Gras bis auf Höhen von 1200 m.

Charakteristische Inhaltsstoffe und Heilwirkungen Schilf wird weder in der Schulmedizin noch in Natur- oder Volksheilkunde als Heilpflanze verwendet. Die Wurzeln des Schilfgrases enthalten bis zu 5 % Zucker und Stärke, zudem wird in einigen Quellen auf Alkaloide hingewiesen, die psychoaktiv wirken sollen. Aus der chinesischen Volksheilkunde wird von der Anwendung der Wurzeln gegen Schmerzen und Fieber sowie als harntreibendes Mittel berichtet.

Sammeltipps

Im Sinne des Naturschutzes ist es sehr wichtig, dass man bei der Ernte von Schilf mit Achtsamkeit vorgeht. Da gibt es zum einen ökologisch besonders wertvolle Schilfbestände, die gerade im Frühjahr für viele Vogelarten Unterschlupf und Brutmöglichkeiten bieten. Solche Standorte sind zum Sammeln tabu und stehen ohnehin meist unter strengem Naturschutz. Sinnvoll ist es dagegen, das Schilf an Standorten zu sammeln, wo es ohnehin wieder entfernt werden soll. Das sind beispielsweise Wiesengräben und Teiche, die durch das Schilf vollständig verlanden würden und daher im Rhythmus von einigen Jahren immer wieder ausgebaggert werden. Beim Sammeln sollte man darauf achten, keine Stelle kahl zu ernten. Stattdessen erntet man die jungen Sprossen punktuell aus dem dichten Bestand heraus, sodass sich die Lücken durch Ausläufer bald wieder schließen können. Gerade im Frühjahr ist es nach der Schneeschmelze in den Schilfbeständen besonders nass: Wappnen Sie sich daher am besten mit Gummistiefeln. Die Wurzeln sticht man mit einem scharfen Spaten aus der Erde und verstaut die schlammig-nasse Ernte dann in einer großen Plastiktüte. Zur weiteren Verarbeitung der Sprossen: siehe Rezept „Wok-Gemüse mit Schilfsprossen" (Seite 49).

Schilfsprossen

Schilfwurzel

Verwendete Pflanzenteile und Erntezeit Gesammelt werden die zarten, jungen Schilfsprossen, die seitlich aus den dicken Hauptwurzeln herauswachsen. Man erntet die Sprossen, solange sie noch weitgehend unterirdisch oder unter Wasser wachsen und noch keine oder kaum eigene Blätter ausgebildet haben. Die Sammelzeit beginnt daher im zeitigen März und endet im April schon wieder. Dann schießen die Sprossen schnell über die Wasser- oder Erdoberfläche in die Höhe, betreiben Fotosynthese, werden standfester und verlieren ihre anfängliche Zartheit. Sind aus den Sprossen schon etwas zähere, vollständig grüne Stängel geworden, lässt sich daraus noch bis etwa Mitte Mai ein Saft gewinnen (siehe Rezept Seite 50). Die Samen werden im Spätherbst geerntet. An einem trockenen Tag schneidet man die Rispen des Schilfs mit einer Gartenschere ab und verstaut sie in einer Tüte, sodass herausfallende Samen nicht verloren gehen.

junge Sprossen	März bis April
Pflanzensaft	März bis Mai
Samen	Oktober bis November

In den liegend wachsenden, dicken Wurzeln lagert Schilf im Herbst Stärke ein, um im zeitigen Frühjahr wieder schnell austreiben zu können. Es ist prinzipiell möglich, ein stärkehaltiges **Schilfmehl** aus den Wurzeln herzustellen – dazu sind jedoch ein großer Arbeitsaufwand und ein erheblicher Eingriff in die jeweiligen Feuchtbiotope nötig. Zudem scheint die Wurzel psychoaktive Substanzen zu enthalten. Aus diesen Gründen rate ich davon ab. Für die Herstellung von Mehl und kohlenhydratreichen Lebensmitteln aus der Natur sei hier auf den zweiten Band dieser Reihe verwiesen („Köstliches von Waldbäumen").

Rezepte

Wok-Gemüse mit Schilfsprossen

2 große Möhren · 2 rote Gemüsepaprika · 2 kleine, rote Zwiebeln · 2 Knoblauchzehen 1 Stück Ingwer, etwa 2 cm groß · 250 g Brokkoli · 32–40 junge Schilfsprossen · etwas Sonnenblumenöl zum Braten · 100 ml Gemüsebrühe · 2 EL Sojasauce · ½ Zitrone, Saft 2 EL Erdnusscreme, nach Geschmack · Salz, Pfeffer, Currypulver und Rohrohrzucker

Möhren schälen und in Stifte schneiden. Paprika waschen, halbieren und Kerne sowie Trennwände entfernen. Paprikahälften in feine Streifen schneiden. Zwiebeln schälen und in dünne Ringe schneiden, geschälten Knoblauch in feine Scheiben schneiden. Ingwer ebenfalls schälen und in sehr kleine Stückchen schneiden. Brokkoli waschen, in mundgerechte Röschen teilen und wenige Minuten im Dämpfeinsatz bissfest kochen. Die jungen Schilfsprossen von den dicken Hauptwurzeln abtrennen. Die äußeren, etwas zähen und zum Teil noch braunen Hüllblätter entfernen, bis die außen hellgrünen und innen gelblichen, zarten Sprossen zum Vorschein kommen. Diese schräg in mundgerechte Stücke schneiden.

Sonnenblumenöl in einer großen Pfanne oder in einem Wok erhitzen. Darin Zwiebeln, Möhren, Schilfsprossen und Paprika bei mittlerer Hitze anbraten, dabei öfter umrühren. Knoblauchscheiben und Brokkoli dazugeben, kurz mitbraten lassen. Das Gemüse mit der Gemüsebrühe ablöschen, Sojasauce und Zitronensaft dazugießen. Mit Erdnusscreme, Salz, Pfeffer, Curry und Rohrohrzucker abschmecken. Dazu passt Basmatireis.

Rezept-Tipp: Ritzt man im Frühjahr einen jungen Schilfhalm mit einem scharfen Messer leicht an, so bildet sich über Nacht aus dem süßlichen Pflanzensaft eine zähe Kugel Sirup – eine leckere Nascherei aus der Natur!

Reispapierröllchen mit Schilfsprossenfüllung

8 frische Reispapierblätter (Asialaden, Kühlregal)

Füllung:

200 g Vollkornreis, gekocht · 100 g Räuchertofu, fein gewürfelt · 150 g junge Schilfsprossen, zubereitet wie im vorigen Rezept und 3–4 Minuten blanchiert · 2 Lauchzwiebeln, in feine Ringe geschnitten · 1 kleine rote Spitzpaprika, halbiert, geputzt und fein gehackt · 20 g eingeweichte Totentrompeten, abgetropft oder 100 g Champignons, gebraten · 1 TL helle Sojasauce · 1 TL Zitronensaft · Meersalz und weißer Pfeffer, frisch gemahlen

Sauce:

1 EL Erdnusscreme · 4–5 EL Wasser · 1 Knoblauchzehe, geschält und durchgepresst
1 EL Zitronen- oder Limettensaft · 2 EL Soja- oder Erdnussöl

Frische Reispapierblätter müssen nicht eingeweicht werden, sie können direkt aus der Packung verwendet werden. Die Blätter nebeneinander auslegen.
Für die Füllung den Reis mit allen Zutaten vermischen, dabei die Totentrompeten noch etwas zerkleinern. Würzen und die Füllung abschmecken. Auf den Reispapierblättern verteilen und diese aufrollen.
Für die Sauce die Erdnusscreme mit Wasser glatt rühren, mit Knoblauch und Zitrussaft würzen und zuletzt das Öl unterrühren. Die Sauce zu den Frühlingsrollen servieren. Alternativ eine Vinaigrette aus Senf, Zitronensaft oder naturtrübem Apfelessig, Sonnenblumen- oder Rapsöl anrühren, mit frisch gemahlenem Salz und Pfeffer würzen und dazu servieren.

Schilfgrassaft Wie oben beim Wok-Gemüse beschrieben, die jungen Schilfsprossen zunächst aus den Hüllblättern herauspellen. Für die Gewinnung von Saft können auch die äußeren, zäheren, schon stärker zellulosehaltigen Blätter verwendet werden. Das Zerkleinern der Sprossen entfällt, da sie ganz und der Länge nach in eine schonend arbeitende Saftpresse mit Walzentechnik gesteckt werden (mit einer Saftzentrifuge nicht möglich). Der Saft schmeckt angenehm mild und süßlich; er kann daher gut pur getrunken werden. Nach Belieben den Schilfgrassaft mit Wasser verdünnen oder mit anderen Säften mischen, beispielsweise mit frischem Orangensaft.

Wok-Gemüse mit Schilfsprossen (Seite 49)

Zubereitung von Schilfsamen Wurden die Rispen des Schilfs bei feuchter Witterung geerntet, zu Hause luftig-locker ausbreiten und ein bis zwei Tage nachtrocknen lassen. Dann über einem großen Tablett oder in einer großen Schüssel mit den Händen reiben, schütteln oder ausklopfen, sodass die Samen herausfallen. Die Spelzen im Freien vorsichtig ausblasen und die Samen einen weiteren Tag zum Nachtrocknen auf ein Küchenpapier legen. Dann werden sie in einem Schraubdeckelglas kühl und trocken gelagert. Schilfsamen eignen sich als Zutat fürs Müsli; damit ihr nussiger Geschmack zum Tragen kommt, sollten sie dazu frisch gequetscht werden.

Rezept-Tipp: Mögen Sie Keime und Sprossen? Im Winter kann man die Schilfsamen auch einfach auf der Fensterbank in einem Einmachglas oder in einem Keimgefäß keimen lassen – schon nach wenigen Tagen können Sie die würzige und gesunde Frischkost ernten.

Indisches Springkraut

Impatiens glandulifera

Porträt

Das Indische Springkraut ist ein sogenannter Neophyt, also ein Neuzugang in unserer heimischen Flora. Die zu den Balsaminengewächsen (Balsaminaceae) gehörende Art wurde im 19. Jahrhundert aus dem indisch-nepalischen Himalaja als Zierpflanze nach Europa eingeführt und hat sich seitdem stetig weiter ausgebreitet. Die massive Vermehrung kommt durch eine raffinierte Eigenschaft des Springkrauts zustande: Die Samenkapseln springen auf (daher auch der Pflanzenname) und schleudern ihre Samen bis zu 7 m weit hinaus! Dazu kommt, dass jede einzelne Pflanze pro Jahr bis zu 4000 Samen produziert. Mittlerweile gehört das Springkraut entlang von Ufersäumen sowie an feuchten Stellen in Auen- und Laubwäldern zum gewohnten Anblick. Besonders zur Blütezeit fällt das leuchtende Pink der hochgewachsenen Pflanzen vielerorts ins Auge. Engagierte Naturschützer blicken mit Sorge um die ursprüngliche Flora und Artenvielfalt auf diese Blütenmeere. Was wir dagegen tun können? Die Samen aufessen!

Wuchs und Aussehen Das Indische Springkraut, auch Drüsiges Springkraut genannt, wächst jedes Jahr im April/Mai neu aus den Samen des Vorjahres heran. Die stattlichen Pflanzen werden bis zu 2 m hoch. Der Stängel ist dick, fleischig und häufig rot überlaufen. Die Blätter sind gegenständig, im oberen Teil der Pflanze auch quirlig (mit jeweils drei Blättern) angeordnet. Ihre Grundform ist länglich-lanzettlich; der Blattrand ist scharf gezähnt. Die zahlreich in einem traubigen Blütenstand stehenden, prachtvollen Blüten duften süßlich und erscheinen weiß, purpurrot, rosa oder in kräftigem Pink. Die Einzelblüten sind kelchartig, tief ausgehöhlt und so groß

(2–3 cm), dass eine Hummel während der Bestäubung ganz von der Blüte umhüllt wird. Die daraus entstehenden Samenkapseln sind grün und werden 1,5–5 cm lang. Werden die Samen darin reif, springen die Seitenwände der Kapsel bei der kleinsten Berührung oder einem Windhauch auf: Die Samen werden bis zu 7 m hinausgeschleudert. Reife Samen sind dunkelbraun bis schwarz gefärbt, etwa 3 mm groß und weisen zwei seitliche Rippen auf.

Typisch: *Das Indische Springkraut fällt leicht ins Auge: Es tritt oft massenhaft auf, wird bis etwa 2 m hoch und trägt orchideenartige Blüten in Weiß, Rot oder Rosa. Dabei verbreitet es einen unverwechselbaren Duft, der oft schon vor seinem Anblick wahrnehmbar ist.*

Vorkommen Indisches Springkraut breitet sich an nährstoffreichen, feuchten bis nassen Standorten oft gleich massenhaft aus. Es wächst entlang von Bach- und Flussufern, in Verlandungsbereichen von Seen sowie in lichten Auwäldern.

Charakteristische Inhaltsstoffe und Heilwirkungen Das Springkraut enthält Bitterstoffe, organische Säure, Glykoside und Tannine, spielt aber weder in der Volksmedizin noch in Naturheilkunde oder Schulmedizin eine Rolle. Die ausgereiften Samen enthalten reichlich fettes Öl: Mithilfe einer Ölpresse lässt sich daraus Speiseöl gewinnen.

Sammeltipps

Das Sammeln von Springkrautsamen kann sich zu einer durchaus heiteren Beschäftigung entwickeln – dazu bietet sich ein geselliger Ausflug zwischen den hohen Blütenpflanzen an. Der beachtliche „Explosions-Mechanismus" der Samenkapseln bringt nicht nur Kinder zum Lachen und Staunen! Dabei ist es hilfreich, einen Becher, eine tiefe Schüssel oder einen Beutel um die Samenstände herum zu halten. Dann wird der Mechanismus durch leichtes Schütteln des Stängels „gezündet". Auf diese Weise kann man einen Großteil der springenden Samen im Behälter auffangen und die Ernte vereinfachen.

Verwendete Pflanzenteile und Erntezeit Die Blätter und Blüten des Indischen Springkrautes sind zwar prinzipiell essbar – man sollte sie jedoch nicht in größeren Mengen roh verzehren, da sie eine stark abführende und harntreibende Wirkung besitzen. Aufgrund des anhaltenden, rauen Nachgeschmacks des gekochten Gemüses ist es kulinarisch auch wenig lohnend, die Blätter als eine Art „Spinat" zuzubereiten. In der mitteleuropäischen Natur stehen dafür viele andere, weitaus schmackhaftere

Wildgemüse zur Verfügung! Beispiele dafür werden im ersten Band dieser Buchreihe vorgestellt („Die 12 wichtigsten essbaren Wildpflanzen"). Weitere besonders empfehlenswerte Arten werden in einem weiteren Band der Buchreihe folgen.

Bei den auffällig schönen Blüten des Springkrauts kommt es auf die Menge an: Es ist problemlos möglich, einige wenige Blüten roh zu verzehren oder als essbare Dekoration zu verwenden. Sie schmecken angenehm, leicht süßlich. Im Mittelpunkt unseres Interesses stehen aber die Samen. Man sammelt die ausgereiften, kleinen, runden, schwarz gefärbten Samenkörner im September/Oktober. Anders als Blüten und Kraut sind sie problemlos roh verzehrbar. Sie schmecken fein nussig. Es ist auch möglich, die weißlichen, unreifen Samen schon im August zu ernten. Sie werden in gleicher Weise wie die reifen Samen verwendet.

Samen	August bis Oktober

Springkraut-Samen **Indisches Springkraut**

Rezepte

Salat aus Hirse und Springkrautsamen

200 g Goldhirse (geschälte Hirse) · etwa 550 ml Gemüsebrühe · 1 Zwiebel 1 rote Gemüsepaprika · 1 Salatgurke · etwa 50 g Springkrautsamen · 3 EL kalt gepresstes Walnuss- oder Haselnussöl · 1 EL Zitronensaft · Salz, Pfeffer

Die Goldhirse mit kochendem Wasser waschen und in der Gemüsebrühe kurz aufkochen. Zugedeckt auf der ausgeschalteten Herdplatte ausquellen und abkühlen lassen. Zwiebel schälen und fein würfeln. Paprika von Kernen und Trennwänden befreien, zusammen mit der Salatgurke in kleine Würfel schneiden. Alles mit den Springkrautsamen unter die Hirse mengen. Aus den restlichen Zutaten eine Vinaigrette anrühren, unter den Salat mischen und etwas durchziehen lassen.

Rezept-Tipp: Für diesen nahrhaften Salat können Sie anstelle von Goldhirse auch gut andere glutenfreie Scheingetreide wie Quinoa oder Buchweizen verwenden.

Springkraut-Risotto

2 Zwiebeln · 2 Knoblauchzehen · 40 g Butter oder 2–3 EL Olivenöl · 300 g Arborio-Reis 1 l Gemüsebrühe · Salz und Pfeffer · 200 g braune Champignons · 200 g Austernseitlinge · 100 g schwarze, ausgereifte Springkrautsamen · 2 EL Olivenöl · 80 g Parmesan etwas kalt gepresstes Walnussöl, nach Geschmack

Geschälte Zwiebeln klein würfeln, Knoblauch ebenfalls schälen und in feine Scheiben schneiden. Butter oder Olivenöl in einem Topf erhitzen. Zuerst Zwiebelwürfel, kurze Zeit später Knoblauchscheiben dazugeben und darin anschwitzen. Arborio-Reis hinzufügen und kurz glasig werden lassen, dabei rühren. Reis auf kleinster Flamme und unter ständigem Rühren langsam ziehen lassen, dabei nach und nach die heiße Gemüsebrühe zugießen. Erst wenn die Flüssigkeit verkocht ist, wieder neue Brühe zugießen. Gegen Ende der Kochzeit salzen und pfeffern. Der Risottoreis ist fertig, wenn er außen weich ist und innen noch Biss hat.
Währenddessen in einer Pfanne die geputzten und klein geschnittenen Pilze mit den gewaschenen Springkrautsamen in Olivenöl anschwitzen. Die Pilzmischung unter den gegarten Risottoreis heben. Geriebenen Parmesan und Walnussöl untermengen. Den fertigen Risotto noch etwa eine Minute ohne Hitzezufuhr durchziehen lassen, umrühren und servieren.

Polentaschnitten mit Springkrautsamen

1 l Gemüsebrühe · 250 g Maisgrieß für Polenta · 1 EL Olivenöl · 1–2 Zwiebeln, geschält und fein gewürfelt · 3 EL schwarze, ausgereifte Springkrautsamen · 75 g Parmesan, fein gerieben · Salz, Pfeffer, Muskatnuss · etwas Olivenöl zum Braten

Die Gemüsebrühe aufkochen, den Polentagrieß mit dem Schneebesen einrühren und bei geringer Hitze eine Minute mitkochen lassen. Bei ausgeschaltetem Herd noch weitere zehn Minuten quellen lassen, gelegentlich umrühren.
In der Zwischenzeit Olivenöl in einer Pfanne erhitzen und die Zwiebelwürfel darin anschwitzen, bis sie etwas Farbe angenommen haben. Die Zwiebelwürfel, gewaschene Springkrautsamen und Parmesan unter die heiße Polentamasse rühren. Mit Salz, frisch gemahlenem Pfeffer und frisch geriebener Muskatnuss abschmecken.
Die Polentamasse auf einer Platte oder einem Backblech ca. 2 cm hoch ausstreichen. Am besten über Nacht auskühlen lassen und am nächsten Tag in mundgerechte Rauten schneiden. Polentaschnitten kurz in Olivenöl anbraten und beispielsweise zu einem frischen Salat servieren.

Salat aus Hirse und Springkrautsamen (Seite 55)

Wald-Engelwurz

Angelica sylvestris

Porträt

Die Wald-Engelwurz gehört zur Familie der Doldenblütler (Apiaceae). Die Pflanze wächst in Europa weit verbreitet, auch in Sibirien ist sie zu finden. Eine heimische, sehr nahe Verwandte ist die Echte Engelwurz (*Angelica archangelica*), auch die „Zahme Angelika" oder „Heiliggeistwurzel" genannt. Der Legende nach zeigte einst ein Engel einem kranken Menschen die wertvollen Pflanzen: „Angelica" stammt vom griechischen „Angelos" für Engel. Die beiden Angelica-Arten sind an den gleichen Standorten zu finden, und sie verfügen auch über dieselben Inhaltsstoffe, wobei die Wald-Engelwurz etwas schwächer wirksam ist. In alten Kräuterbüchern werden sie nur selten voneinander unterschieden; beide werden häufig als ein und dieselbe Engelwurz beschrieben. Als Arzneipflanze war jedoch vor allem die Echte Engelwurz im Mittelalter ein begehrtes Mittel gegen die Pest. Zudem wurden ihre verschiedenen Pflanzenteile als Schutz gegen Hexen und Dämonen am Körper getragen. Die Heilpflanze war so gefragt, dass sie schließlich sogar von der Ausrottung bedroht war. Ab dem 14. Jahrhundert kultivierte man sie in Klostergärten; von dort aus verwilderte sie später wieder. Dennoch ist die Echte Engelwurz bis zum heutigen Tag viel seltener anzutreffen als ihre „kleine Schwester". Aus diesem Grund wird hier ausschließlich das Sammeln der weitaus häufigeren Wald-Engelwurz empfohlen.

Mit ihrem stattlichen und aparten Wuchs sind beide Engelwurz-Arten auffällige Erscheinungen. In naturnah gestalteten Gärten ziehen sie alle Blicke auf sich.

Wuchs und Aussehen Die beiden erwähnten Engelwurz-Arten sehen sehr ähnlich aus, wobei die Wald-Engelwurz insgesamt kleiner ist. Die Pflanzen gedeihen in der Regel als zweijährige Stauden. Nachdem sie Blüten und Samen gebildet haben, sterben sie im Herbst des zweiten Lebensjahres ab. Gelegentlich kommt die Engelwurz aber auch erst im dritten oder vierten Jahr zur Blüte. Diese Exemplare leben dann entsprechend länger. Die Wald-Engelwurz bildet einen großen, knollenartig verdickten Wurzelstock aus. Die auffallend kräftigen Pflanzen werden im Jahr der Blüte 50–150 cm hoch. Der runde Stängel ist innen hohl und außen fein gerillt. Im oberen Bereich kann der ansonsten grüne Stängel purpurrot überlaufen sein. Die Blattstiele bilden auf der Oberseite eine Art Rinne aus. Sie entwickeln sich aus auffallend bauchigen Blattscheiden heraus, die den Pflanzenstängel umfassen. Die Blätter sind von kräftig dunkelgrüner Farbe und eiförmig bis oval. Sie sind wechselständig am Stängel angeordnet und zweifach gefiedert. Die Einzelblätter erreichen eine Länge von etwa 10 cm; ihr Rand ist fein gesägt. Zieht man gedanklich einen Umriss um ein gesamtes Blatt (einschließlich aller Fieder-Teilblätter), ergibt sich ein Dreieck. Die Größe dieser aus Einzelblättern zusammengesetzten Blattform ist für eine Staude beachtlich: Sie werden bis zu 55 cm lang. Die Blüten erscheinen in üppigen Doppeldolden: Viele kleine Dolden bilden zusammen einen großen Blütenstand. Während der Blütezeit im Hochsommer (von Juli bis Anfang September) zeigen die Blüten zunächst eine grünlichweiße Färbung. Später werden sie weiß bis rötlich.

Typisch: *Zu unterscheiden sind die beiden Verwandten zum einen durch ihre Größe: Die Wald-Engelwurz wird bis zu 150 cm groß, die Echte Engelwurz überragt sie dabei deutlich mit Wuchshöhen bis zu 3 m. Ein weiteres Merkmal sind die Blattstiele: Die Echte Engelwurz besitzt einen runden Blattstiel, bei der Wald-Engelwurz weisen die Blattstiele auf der Oberseite eine rinnige Form auf: In ihrer Mitte verläuft längs eine Rinne.*

Vorkommen Die Echte Engelwurz wächst an den gleichen Standorten wie die Wald-Engelwurz. Beide Arten brauchen feucht-nasse, nährstoffreiche, tiefgründige Böden mit einem hohen Anteil an Lehm und Ton. Diese Bedingungen finden sie in Hochstaudenfluren, entlang von Ufern, in Feuchtwiesen oder an lichten Stellen in Auwäldern. Die Wald-Engelwurz ist hier zerstreut, aber regelmäßig anzutreffen. Im Gebirge kommt die Pflanze in Schluchten und nassen Auen bis auf Höhen von 1600 m vor.

Charakteristische Inhaltsstoffe und Heilwirkungen Die Wald-Engelwurz verfügt über dieselben Inhaltsstoffe wie die Echte Engelswurz; ihre Wirkung ist jedoch insgesamt etwas schwächer. In der Naturheilkunde wird daher die Echte Engelwurz angewendet. Die Wirkstoffe aus der Wurzel (Angelicae radix) werden in Wasser (Extrakt) und in Alkohol (Tinktur) gelöst oder als reine ätherische Öle zubereitet. Medizinische Anwendung finden diese Arzneimittel vor allem bei Magen-Darm-Krämpfen, besonders wenn diese durch Stress verursacht wurden und Blähungen oder Völlegefühl als Symptome im Vordergrund stehen. Die ätherischen Öle und Bitterstoffe regen die Sekretion des Magensaftes, der Galle und der Bauchspeicheldrüse an und wirken zudem antimikrobiell. Die Bitterstoffe bringen den Stoffwechsel in Schwung und helfen dabei, den Säure-Basen-Haushalt auszugleichen. Dies kann beispielsweise bei einer Fastenkur unterstützend sein. Die Heilstoffe aus der Wurzel stecken auch in einem Schnupfenbalsam, der besonders gern bei Babys und Kleinkindern angewendet wird. In der Volksmedizin wird die Pflanze zudem bei Atemwegserkrankungen, Rheuma, Gicht und als Stärkungsmittel bei allgemeiner Schwäche, nervösen Zuständen, Schlaflosigkeit und Herzklopfen eingesetzt. Bis heute ist die Engelwurz ein begehrter Rohstoff für die Herstellung von verdauungsfördernden Kräuterlikören und Bitterschnäpsen, beispielsweise Benediktiner oder Chartreuse.

Sammeltipps

Da die Echte Engelwurz im Gegensatz zur Wald-Engelwurz in Mitteleuropa sehr selten vorkommt, sollte diese nicht gesammelt werden! Gartenbesitzer können sich in der Natur oder im Spezialhandel einige Samen besorgen und die Pflanze selbst anbauen (siehe unten: Anbau im Garten). Auch für die Wald-Engelwurz gilt: Bitte nur so viel sammeln, wie man wirklich benötigt und verarbeiten kann. Es sollten nie alle Pflanzen eines Standortes abgeerntet werden, sodass sich der Bestand wieder erholen kann. Wie beispielsweise Sellerie auch, enthält der Pflanzensaft der Wald-Engelwurz Furocumarine: Wenn empfindliche Personen Hautkontakt mit der Pflanze haben und die Haut anschließend der Sonne ausgesetzt wird, kann es zu einer Erythem- oder Bläschenbildung kommen. Im Volksmund heißt diese Erscheinung Wiesendermatitis. Beim Sammeln junger Blätter, Stängel und Triebe sollte man daher zur Vorsicht Handschuhe tragen oder an den darauffolgenden ein bis zwei Tagen die Sonne meiden.

Achtung Verwechslungsgefahr Die Engelwurz kann mit dem stark giftigen Schierling verwechselt werden. Es gibt zwei verschiedene einheimische Arten, die ebenfalls zur Familie der Doldenblütler gehören. Ein genauer Blick auf die Blätter der Pflanzen gibt Aufschluss: Die Blätter des **Giftigen Wasserschierlings** (*Cicuta virosa*)

434. Angelica sylvestris L.

sind im Unterschied zur Wald-Engelwurz fingerförmig ausgebildet: Die einzelnen Blattfinger sind lang und schmal, die Ränder gezähnt. Die Blätter des **Gefleckten Schierlings** (*Conium maculatum*) weisen an ihrem Grund (Blattansatz am Stängel) im Unterschied zur Wald-Engelwurz keine auffälligen Blattscheiden auf. Auch der Geruch der Pflanzen ist hilfreich: Zerreibt man den Stängel zwischen den Händen, verbreitet die Engelwurz einen angenehm frischen, süßlichen Geruch. Dagegen riecht der Schierling unangenehm modrig. **Aufgrund der hohen Giftigkeit der beschriebenen Schierlingsarten sollte man die Wald-Engelwurz nur sammeln, wenn man sie zweifelsfrei bestimmen kann!**

Wald-Engelwurz-Blätter

Wald-Engelwurz-Knospe

Anbau im Garten Besonders gut passt die Engelwurz in Beete mit anderen Hochstauden, am Rand von Teichen oder auch vor Gehölzgruppen. Mit Sterndolde, Wasserdost, Baldrian, Mädesüß und Kohldistel entstehen wunderschöne Pflanzkombinationen. Da beide Engelwurz-Arten nach Blüte und Samenbildung absterben, sollte man die Pflanzen im eigenen Garten jedes Jahr neu aussäen, um wieder Jungpflanzen zu kultivieren. Auf diese Weise kann man sich auch in jedem Sommer aufs Neue an den schönen Blüten erfreuen. Hat sich die Engelwurz einmal im Garten „eingelebt", sät sie sich auch von selbst wieder aus. Dazu lässt man immer einige Blütendolden stehen.

Verwendete Pflanzenteile und Erntezeit Die Wald-Engelwurz lässt sich komplett verwerten! Beim Ernten der verschiedenen Pflanzenteile muss jedoch der jahreszeitliche Entwicklungsstand der Pflanze berücksichtigt werden: Blätter, Stängel und junge Triebe kann man das ganze Frühjahr hindurch sammeln. Die Saison für diese Pflanzenteile endet mit dem Beginn der Blüte (Ende Juni/Anfang Juli). Ab diesem Zeitpunkt fließt die ganze Kraft der Pflanze in die Bildung von Blüten und Samen. Dann können während des Hochsommers die Blüten geerntet werden. Die Wurzeln der einjährigen Pflanzen sammelt man ab September bis in den Winter hinein. Auch im zeitigen Frühjahr lässt sich die Wurzel ernten, allerdings vor dem Austrieb der Pflanze. Zum Ausgraben der Wurzel verwendet man am besten einen Spaten. Die Zubereitung von Stängeln und Wurzeln ist vor allem in Norwegen, Schweden und Island recht verbreitet: als Gemüse oder roh im Salat. Eine weitere Spezialität sind die kandierten, bittersüß aromatischen Pflanzenstängel.

Blätter, Stängel und junge Triebe	März bis Juni
Blüten	Juli bis September
Wurzel	September bis Anfang März

Rezepte

Engelwurz-Likör

2 Wurzelknollen von der Wald-Engelwurz aus dem eigenen Garten (alternativ: etwa 5 geh. EL gesammelte Samen) · 0,7 l Korn, Wodka oder Weinbrand · 300 g Rohrohrzucker

Beide Wurzelknollen von den kleinen Nebenwurzeln befreien. Dann mit einer Gemüsebürste sehr sauber abbürsten und abspülen. Wurzeln in etwa 1–2 cm große Würfel schneiden. Zusammen mit Alkohol und Rohrohrzucker in eine große Glasflasche füllen. Die Wurzelstücke müssen vollständig von der Flüssigkeit bedeckt sein. Verschlossen etwa einen Monat ziehen lassen. Dafür eignet sich ein warmer Ort, beispielsweise eine Fensterbank. Währenddessen den Inhalt gelegentlich durch Schütteln oder Rühren in Bewegung bringen, je nach Beschaffenheit des Glases. Auf diese Weise löst sich der Zucker komplett auf. Nach vier Wochen den Inhalt des Glases durch ein feines Sieb oder Tuch abfiltern. Den fertigen Likör in eine saubere Glasflasche abfüllen und gut verschlossen lagern. Diesen Engelwurz-Likör genießt man in kleinen Mengen als Verdauungsschnaps (Digestif) nach dem Essen. Besonders zu empfehlen als Abschluss eines reichhaltigen winterlichen Festessens!

Rezept-Tipp: Der Likör lässt sich zusätzlich mit 8 g Zimtpulver, 2 g Muskatpulver und 1–2 Gewürznelken ansetzen. Auch aus den Stängeln der Engelwurz (ca. 500 g) lässt sich ein Likör auf dieser Basis herstellen, den man zwei Monate ruhen lässt. Abgesiebt und in Flaschen abgefüllt, muss der Likör noch einen weiteren Monat ziehen.

Engelwurz-Orangen-Salat

4 Handvoll junge, zarte Blätter/Triebe/Stängel oder 2–3 Wurzelknollen von der Wald-Engelwurz aus dem eigenen Garten · 2 saftige Orangen · 2 EL kalt gepresstes Walnuss- oder Haselnussöl · etwas Zitronensaft · 1 EL Sahne/Rahm · Salz, Pfeffer

Die im Frühjahr gesammelten Blätter, Triebe und Stängel der Engelwurz waschen und in mundgerechte Stücke schneiden. Schält man die Stängel (vor dem Zerkleinern), schmecken sie milder. Im Herbst und Winter verwendet man anstelle des frischen Grüns die gewaschenen, im Dampf gegarten Wurzelknollen. Die Orangen schälen, die weiße Haut entfernen und filetieren. Mit den Engelwurzstücken vermischen. Aus den übrigen Zutaten ein Dressing anrühren und über den Salat träufeln.

Rezept-Tipp: Alle Pflanzenteile (Blätter, Stängel, Blüten und Wurzelstücke) eignen sich hervorragend zum Trocknen oder Dörren. Das Trockengut wird in Schraubdeckelgläsern aromageschützt aufbewahrt: Damit hat man eine griffbereite, würzige Grundlage für Gemüsebrühe.

Gemüsesuppe mit Engelwurz

4 Handvoll frische Pflanzenteile von der Wald-Engelwurz (oder 2 Handvoll getrocknete)
2 große Möhren, geschrappt · 1 Stange Lauch, geputzt · 2 EL Öl · 2 kleine Zwiebeln
2 l reines Wasser · Salz, Pfeffer · Majoran, Thymian, 1 Lorbeerblatt · Pimentkörner, Wacholderbeeren oder Senfkörnern nach Geschmack · $^1/_2$ Bund frische Petersilie
200 g Fadennudeln aus Hartweizengrieß

Für dieses Rezept können sämtliche Pflanzenteile der Engelwurz zum Einsatz kommen: Blätter, Stängel, Blüten oder Wurzeln – in frischer oder getrockneter Form. Getrocknete Pflanzenteile können gleich verwendet werden. Frisches Erntegut zunächst sorgfältig waschen, dann in kleine Stücke schneiden. Die Möhren in Würfel, den Lauch in Ringe schneiden. Im heißen Öl die geschälten, halbierten Zwiebeln mit der Engelwurz, den Möhren- und Lauchstücken kurz von allen Seiten anbraten. Dann das reine Wasser dazugießen und aufkochen lassen. Die Gewürze dazugeben und die Suppe je nach gewünschter Bissfestigkeit des Gemüses etwa 20 Minuten kochen lassen. Währenddessen die Fadennudeln in einem separaten Topf nach Packungsanleitung garen. Lorbeerblatt, mitgegarten Piment oder Wacholder und Zwiebeln aus der Suppe nehmen. Die Nudeln auf die Suppenteller verteilen und direkt vor dem Servieren mit der heißen Engelwurz-Suppe aufgießen.

Rezept-Tipp: Auch die Blüten der Wald-Engelwurz sind essbar; sie ergeben eine feinwürzige Dekoration für Getränke oder Desserts.

Kandierte Engelwurzstängel

400 g Stängel von der Wald-Engelwurz · 350 g Rohrohrzucker · 400 ml warmes, reines Wasser

Die Engelwurzstängel entblättern, sorgfältig waschen und in 5 cm lange Stücke schneiden.
In einem kleinen, hochwandigen Topf aus Zucker und Wasser unter Rühren einen Sirup herstellen. Die Stängelstücke mindestens 24 Stunden darin ziehen lassen, dabei müssen sie vollständig vom Sirup bedeckt sein.
Den Sirup mit den Stängeln kurz aufkochen und für weitere 24 Stunden stehen lassen. Diesen Vorgang mindestens dreimal wiederholen, damit die kräftig grünen Stängel kandiert sind.
Die Stängel mit einer Nudel- oder Gemüsezange aus dem Sirup herausheben, auf einem Gitter abtropfen und einen Tag trocknen lassen. Danach mit Puderzucker bestreuen und in einem luftdichten Schraubdeckelglas oder einer Dose aufbewahren.

Rezept-Tipp: In Frankreich werden kandierte Engelwurzstücke zum Aromatisieren und Dekorieren von Petit Fours verwendet

Engelwurzstängel & Engelwurzsirup

Kleine Wasserlinse

Lemna minor

Porträt

Wasserlinsen sind nur dem deutschen Namen nach „Linsen" – wohl wegen ihrer linsenförmigen Blättchen. Diese sind ausgesprochen winzig und werden kaum größer als 3 mm. Eine ganze Pflanze besteht aus einem oder nur weniger solcher Blättchen. Da Wasserlinsen aber oft gleich in riesigen Beständen auftauchen, ist das Sammeln und Zubereiten nicht besonders aufwendig. Noch winziger als die Blätter sind die nur selten anzutreffenden Blüten: Wasserlinsen sind die kleinsten Blütenpflanzen der Welt!

Botanisch gesehen haben die freischwimmenden Wasserpflanzen nichts mit Linsen oder Hülsenfrüchten zu tun: Alle drei bei uns heimischen Arten werden ursprünglich einer eigenen Familie (Lemnaceae) zugeordnet; neuerdings zählt man sie zu den Aronstabgewächsen (Araceae). Neben der Kleinen Wasserlinse wächst hierzulande auch die nur minimal größere, bauchig aufgeblasene Bucklige Wasserlinse (*Lemna gibba*) und die Dreifurchige Wasserlinse (*Lemna trisulca*) mit ihren nur 15 mm großen Blättern, die knapp unter der Wasseroberfläche schwimmen. Deutsche Volksnamen wie „Entengrütze" oder „Entengrün" erzählen davon, dass Wasservögel die Pflanzen gern verspeisen. Tatsächlich sind Wasserlinsen sehr nahrhaft und wurden früher als Geflügelfutter verwendet. Auch bei der Verbreitung der Pflanzen spielen Vögel eine entscheidende Rolle: Im Gefieder einer Ente, einer Wildgans oder eines anderen Wasservogels verborgen, gelangen die Pflanzen in potenziell neue Lebensräume.

Die winzigen Wasserlinsen sind nicht nur sehr gesund, sondern auch ausgesprochen schmackhaft. Selbst in rohem Zustand sind die Blättchen von lieblich-zarter Konsistenz mit einem frischen, leicht süßlichen Aroma – ähnlich wie ein Mai-Kopfsalat. Die Wasserpflanzen enthalten bemerkenswert viel Eiweiß: Der Gesamtgehalt soll sogar höher als beim Soja sein. Zu dieser in vielerlei Hinsicht bemerkenswerten Pflanze laufen zahlreiche Forschungen und Untersuchungen. Sogar die Raumfahrt experimentiert mit der Wasserlinse!

Wuchs und Aussehen Die Blättchen der Kleinen Wasserlinsen sind nur etwa 3 mm groß und schwimmen frei auf der Wasseroberfläche. Durch das flächendeckende Wachstum entstehen schnell große Teppiche. Eine Pflanze besteht aus einem oder mehreren der kleinen, runden Blättchen und einer senkrecht nach unten ins Wasser wachsenden Wurzel. Ein Stängel fehlt. Aus botanischer Sicht handelt es sich gar nicht um echte Blätter, sondern um sogenannte Phyllokladien: Die Sprossachse ist umgewandelt und kann Fotosynthese betreiben. Deshalb sind die „Blättchen" auch mit Chlorophyll ausgestattet und zeigen ein kräftiges Froschgrün. Das Entscheidende ist jedoch ihre Konstruktion: Mit Luft gefüllte Hohlräume lassen sie an der Wasseroberfläche schwimmen. Die senkrecht nach unten wachsende Wurzel dient dabei nicht nur zur Aufnahme von Mineralsalzen aus dem Wasser, sondern auch als stabilisierendes „Ruder". Die stark reduzierten, unscheinbaren Blüten der Kleinen Wasserlinse sind bei uns in Mitteleuropa nur selten zu sehen. Die Vermehrung erfolgt daher vor allem ungeschlechtlich durch Sprossen, die seitlich aus der Mutterpflanze herauswachsen. Sie bleiben teilweise mit der Mutter verbunden oder lösen sich als eigenständige Pflanzen ab. Die mehrjährigen Kleinen Wasserlinsen lagern im Herbst Stärke ein und sinken auf den frostfreien, schlammigen Grund – um im Frühjahr ab März wieder aufzutauchen.

***Typisch:** Die Kleine Wasserlinse kann die Oberfläche von kleinen Gewässern komplett zuwachsen. Dann sieht es so aus, als wäre das Wasser mit einem grünen Tuch abgedeckt.*

Vorkommen Die Kleine Wasserlinse gedeiht ausschließlich in stehenden oder sehr träge fließenden Gewässern wie kleine Teiche, Tümpel, sumpfige Gräben oder Kanäle. Da sie nicht fest im Boden verwurzelt ist, kann sie in schneller fließenden Gewässern nicht existieren. Auch windgeschützt sollte es sein: In Seen mit einer offenen, dem Wind ausgesetzten Wasserfläche werden die Pflanzen durch den Wellengang zerstört. Die Kleine Wasserlinse bevorzugt nährstoffreiche Gewässer, kann aber auch in vom Menschen völlig überdüngten, schlammigen Teichen gut gedeihen.

Charakteristische Inhaltsstoffe und Heilwirkungen Als Heilpflanze findet die Kleine Wasserlinse keine Anwendung. Dennoch steckt viel Gutes in ihr: Sie ist überaus reich an Mineralien und Spurenelementen und enthält auch viel Stärke und hochwertiges Protein. Dieses Eiweiß wird wegen der ähnlichen Zusammensetzung seiner Aminosäuren und aufgrund seines hohen Gehalts an Spurenelementen mit dem Eiweiß der Sojapflanze verglichen. Die frühere, erfolgreiche Verwendung als Futterpflanze für Geflügel weist in dieselbe Richtung. Da die Kleine Wasserlinse zudem auch etwas Zucker enthält und gleichzeitig arm an Fasern und Bitterstoffen ist, schmeckt sie mild und zart.

Sammeltipps

Wasserlinsen erntet man am einfachsten mit einem Kescher oder einem flachen Schaumlöffel. Damit lassen sich die zarten, kleinen Pflanzen unbeschädigt von der Wasseroberfläche abschöpfen. Nachdem das Wasser abgelaufen ist, kann man andere Dinge wie Treibgut oder Wassertierchen gleich an Ort und Stelle aussortieren oder wieder im Wasser aussetzen.

Achtung Kleine Wasserlinsen nehmen Schadstoffe aus Gewässern auf. In einigen Ländern werden sie deswegen sogar in Kläranlagen eingesetzt. Aus diesem Grund ist es bei dieser Wasserpflanze besonders wichtig, nur in ganz sauberen Gewässern zu sammeln! Machen Sie sich vor der Ernte ein möglichst genaues Bild: Besteht die Gefahr, dass Gülle oder Agrarchemikalien in das Gewässer gelangen? Wie wird das Land um den Teich oder See genutzt? Am sichersten darf man bei Gewässern in Wäldern und Auwäldern sein – und natürlich beim eigenen Gartenteich!

Anbau im Gartenteich und im Aquarium Wenn Sie die Wasserlinsen im eigenen Gartenteich kultivieren wollen, genügt es, eine kleine Plastiktüte voller Pflanzen mit etwas Wasser aus der Natur mitzunehmen und in den Teich einzusetzen. Meist breiten sich die Pflanzen rasch aus, sodass schon nach wenigen Wochen zum ersten Mal geerntet werden kann. Auch einige Fischarten zehren gerne von der Wasserlinse! Sogar im Aquarium können sie daher gut aufgehoben sein. Man muss nur immer darauf achten, dass die vielen kleinen Blättchen die Wasseroberfläche und andere Lebewesen nicht „überwuchern": Das dürfte aber durch die wunderbare Möglichkeit der kulinarischen Verwertung kein Problem sein!

Verwendete Pflanzenteile und Erntezeit Die Kleine Wasserlinse wird im Ganzen gesammelt und verwertet, also die Blättchen mit den feinen Wurzeln zusammen. Sobald die Pflanzen von ihrem Winterquartier am frostfreien Boden des Gewässers aufgestiegen sind, kann die Ernte beginnen. Je wärmer und nährstoffreicher das Wasser ist, umso größer fällt die Ernte aus. Besonders in den Monaten von Mai bis August vermehren sich Wasserlinsen oft explosionsartig.

ganze Pflanzen	März bis September

Rezepte

Sommerliche Gazpacho aus Roter Bete und Wasserlinsen

4 kleine Rote Bete · 4 Handvoll Wasserlinsen · 600 ml reines Wasser · 200 ml frischer, nicht homogenisierter Rahm · 1 reife Dattel, entsteint · Salz, Pfeffer · 1 Msp gemahlene Nelken oder Bachnelkengewürz (Rezept auf Seite 23)

Rote-Bete-Knollen schälen und in Stücke schneiden. Dabei am besten Einmalhandschuhe tragen, um ein Abfärben zu vermeiden. Die Wasserlinsen sorgfältig verlesen, waschen und vorsichtig trocknen. Alle aufgeführten Zutaten bis auf die Wasserlinsen in den Mixbecher eines leistungsstarken Mixers geben und pürieren. Die kalte Suppe auf vier Suppenschalen portionieren und jeweils eine kleine Handvoll Wasserlinsen darauf schwimmen lassen. Das kräftige Pink der Suppe harmoniert mit dem frischen Grün sowohl optisch als auch geschmacklich!

Klare Gemüsebrühe mit Wasserlinsen

½ Knollensellerie · 3 Möhren · 3 Petersilienwurzeln oder 2 Pastinaken · 1 Stange Lauch, geputzt · 1 Zwiebel · 2 EL Olivenöl · 1,5 l reines Wasser · 2 Lorbeerblätter · Salz · 1 EL Senfkörner · 1 TL Pfefferkörner · 2 kleine Handvoll Wasserlinsen

Sellerie schälen und in Würfel schneiden. Möhren und Petersilienwurzeln (oder Pastinaken) mit einer Gemüsebürste säubern und klein schneiden. Lauch in Ringe schneiden und waschen. Zwiebel schälen und würfeln. Das gesamte klein geschnittene Gemüse kurz in Olivenöl anbraten, dabei öfter umrühren. Dann mit reinem Wasser ablöschen und aufkochen lassen. Lorbeerblätter, Salz, Senf- und Pfefferkörner dazugeben. Die Suppe etwa 20–30 Minuten zugedeckt köcheln lassen.

Die Wasserlinsen sorgfältig verlesen, waschen und trocken schleudern. Für eine klare Brühe das Gemüse absieben; es kann später für eine sämige Suppe oder Sauce weiterverwendet werden. Oder das Gemüse einfach in der Suppe belassen. Vier Suppenteller damit auffüllen und eine halbe Handvoll Wasserlinsen je Teller darübergeben. Die kleinen Blättchen ergeben eine interessante und feine Suppeneinlage!

Rezept-Tipp: Wasserlinsen sind auch in roher Form lecker. Man kann sie wie Sprossen verwenden: als Beimischung in Salaten, Dips und Brotaufstrichen. Auch zum Garnieren von belegten Broten, Salaten und Gemüsegerichten sehen sie apart und außergewöhnlich aus.

Indisches Linsengericht mit dreierlei Linsen

200 g rote Linsen · 200 g gelbe Linsen · 1 l Gemüsebrühe · je 1 TL Ingwer-, Kreuzkümmel- und Kurkumapulver · 2 kleine Zwiebeln · 3 Knoblauchzehen · 4 EL Bratöl · 1 TL Currypulver · Salz · 2 Handvoll Wasserlinsen · frische Kräuter, Blättchen fein gehackt (Petersilie oder Koriander)

Rote und gelbe Linsen verlesen und unter fließendem Wasser waschen, bis das Wasser klar bleibt. Gelbe Linsen in der Gemüsebrühe zusammen mit Ingwer, Kreuzkümmel und Kurkuma in 15–20 Minuten zugedeckt gar kochen. Etwa fünf Minuten vor Ende der Garzeit rote Linsen dazugeben und weiter köcheln lassen. Den Herd ausschalten, Topf noch darauf stehen lassen, damit die Linsen ausquellen.
Wasserlinsen sorgfältig verlesen, waschen und trocken schleudern. Zwiebeln schälen und klein würfeln, Knoblauch ebenfalls schälen und in feine Scheiben schneiden. Bratöl in einer Pfanne erhitzen, Zwiebeln und Knoblauch darin glasig werden lassen. Mit Curry und Salz würzen. Zwiebelmischung unter die Linsen rühren und abschmecken. Unmittelbar vor dem Servieren die Wasserlinsen unterrühren und mit frisch gehackten Kräutern bestreuen. Dazu passt Basmatireis.

Rezept-Tipp: Besonders bunt und lecker wird dieses Linsengericht durch die Zugabe von kurz gebratenem Sommergemüse: Zucchini, Kirschtomaten oder Gemüsepaprika passen bestens dazu!

Indisches Linsengericht (Seite 68)

Würzige Linsensauce zu Nudeln

220 g gelbe Linsen · 500–600 ml Wasser · 3–4 EL Sonnenblumenöl · je 1 TL Kreuzkümmel- und schwarze Senfsamen · 2 Zwiebeln, geschält und fein gewürfelt · 2 Knoblauchzehen, geschält und fein gehackt · 2 cm frischer Ingwer, geschält und fein gerieben 1 Glas Pizzatomaten · je 1 TL Kurkuma- und mildes Currypulver · Salz · 1 kleine rote Chilischote · 2 Handvoll Wasserlinsen, verlesen und gewaschen

Linsen verlesen und unter fließendem Wasser waschen, bis das Wasser klar bleibt. Abgetropfte Linsen mit dem Wasser in einem Topf aufsetzen. 35–40 Minuten köcheln, bis sie sehr weich sind. Je nach Alter der Linsen können Flüssigkeitsmenge und Garzeit variieren.

In einem schweren Topf das Öl erhitzen, Kreuzkümmel- und Senfsamen kurz anbraten, bis sie springen. Zwiebeln, Knoblauch und Ingwer dazugeben und gut umrühren. Leicht Farbe annehmen lassen, dann Tomaten hinzufügen. Linsen einrühren und mit Kurkuma, Curry und Salz würzen.

Die Chilischote halbieren und in feine Streifen schneiden, in der Linsenmischung noch fünf Minuten mitkochen. Zum Schluss die Wasserlinsen darauf streuen und beispielsweise zu Dinkel-Vollkornnudeln servieren

Wiesen-Bärenklau

Heracleum sphondylium

Porträt

In Mitteleuropa wächst der Wiesen-Bärenklau sehr häufig. Sein Name kommt daher, dass die Form seiner Blätter an Bärentatzen (Bärenklauen) erinnert. Die Blüten zeigen wiederum deutlich, dass die Pflanze zur Familie der Doldenblütler (Apiaceae) gehört. Damit ist der Bärenklau ein naher Verwandter vieler Kulturpflanzen wie Petersilie, Liebstöckel, Möhre, Sellerie, Fenchel, Kümmel oder Anis und des im ersten Band dieser Reihe vorgestellten Giersch („Die 12 wichtigsten essbaren Wildpflanzen"). Auch der gefürchtete Riesen-Bärenklau (*Heracleum mantegazzianum*), Herkulesstaude genannt, gehört zur unübersehbar nahen Verwandtschaft. Wie dieser und viele anderen Doldenblütler enthält auch der Pflanzensaft des Wiesen-Bärenklaus sogenannte Furocumarine. Diese Inhaltsstoffe sind jedoch kaum gefährlich, wenn man mit den Pflanzen umzugehen weiß (siehe „Sammeltipps" auf Seite 71). Die gesamte Pflanze ist essbar: Blätter, Stängel und Blüten besitzen ein besonders würziges, süßliches Aroma.

Wuchs und Aussehen Der Wiesen-Bärenklau wächst als mehrjährige Staude. Besonders im dichten Bestand von Hochstaudenfluren, wo alle Pflanzen nach oben streben, um sich zu behaupten, kann der Wiesen-Bärenklau Höhen bis zu 150 cm erreichen. Auf Wiesen wird er meist nur 50–60 cm hoch. Nach dem ersten Mähen im Mai/Juni wächst die Pflanze erneut auf 30–50 cm heran und blüht dann im Hochsommer meist noch reichlicher als zuvor im Frühjahr. Die Blattoberseiten, Blattstiele und Stängel der Pflanze sind borstig behaart, die Blattunterseite ist etwas weniger behaart, der Stängel ist kantig gefurcht und innen hohl. Die mattgrünen Blätter stehen wechselständig. Es sind Fiederblätter, die beachtliche Längen von 20–50 cm erreichen. Sie sind gelappt, aber nicht in sich geteilt, ihr Blattrand ist grob gezähnt. Die einzelnen, weißen Blüten stehen auf Doppeldolden. Ein bemerkenswertes Phänomen ist der asymmetrische Aufbau der Blütenblätter: Sie erscheinen am äußeren Blütenrand wesentlich größer als in der Blütenmitte. Durch diese auffällige Form haben die Blütendolden eine gesteigerte Anziehungskraft auf die bestäubenden Insekten. Die Samen haben eine ovale Form und werden bis zu 1 cm groß. Sie sind rundherum mit Flügelflächen versehen.

***Typisch:** Am Ansatz der Blattstiele fallen große Blattscheiden auf, die wie bauchig aufgeblasen aussehen (siehe Abbildung rechts, Seite 72). Sie umgeben die Doppeldolden vor der Blüte und dienen als Schutz für die Knospen.*

Vorkommen In der Flora feuchter Wiesen ist der Wiesen-Bärenklau eine typische Pflanze. Man findet ihn in Hochstaudenfluren und entlang von Gräben und Ufersäumen. Er wächst bevorzugt auf feuchten, nährstoffreichen Lehm- und Tonböden. In den Alpen gedeiht der Wiesen-Bärenklau bis auf Höhen von 1500 m.

Charakteristische Inhaltsstoffe und Heilwirkungen Wiesen-Bärenklau besitzt viele verschiedene Mineralien und Spurenelemente wie Kalium, Magnesium, Kalzium und Eisen. Die Pflanze ist vitaminreich und enthält sehr viel Vitamin C und Provitamin A (Betacarotin). Besonders sind der hohe Zuckergehalt (bis zu 10 %) und das ätherische Öl mit Furocumarinen (siehe folgenden Abschnitt zu „Sammeltipps"). Der Wiesen-Bärenklau ist keine offiziell anerkannte Heilpflanze, wird jedoch in der Volksmedizin bei Verdauungsbeschwerden, Husten und Heiserkeit sowie zur Absenkung des Blutdrucks eingesetzt. Seine Wurzeln werden als „Europäischer Ginseng" bezeichnet: Ihnen wird eine kräftigende, antriebsstärkende, sogar verjüngende und aphrodisierende Wirkung zugeschrieben.

Sammeltipps

Vorsicht Furocumarine: Wiesen-Bärenklau enthält Furocumarine; sie machen die Haut lichtempfindlich. Gelangt der Pflanzensaft auf die Haut und wird diese Stelle in den nachfolgenden Stunden vom Sonnenlicht beschienen, kann es bei dafür empfindlichen Personen zu Rötungen und Schwellungen bis hin zu starken Verbrennungen kommen. Im Volksmund wird diese Erscheinung Wiesendermatitis genannt. Wildpflanzen-Sammler sollten bei der Ernte des Wiesen-Bärenklaus daher die Hautstellen schützen, die mit dem Pflanzensaft in Berührung kommen. Am sichersten ist es, bei der Ernte

Handschuhe zu tragen und darauf zu achten, die betroffenen Hautstellen während der nächsten ein bis zwei Tage nicht dem direkten Sonnenlicht auszusetzen! Das gilt auch für die Verarbeitung, wenn die Haut direkt mit dem Pflanzensaft in Berührung kommt, beispielsweise beim Schälen der Stängel. Dennoch ist es völlig unbedenklich, die köstlichen jungen Blätter und Stängel roh zu verspeisen – auch in der Sonne!

Wiesen-Bärenklau-Blätter

Wiesen-Bärenklau: Blattscheide

Achtung Verwechslungsgefahr Der Wiesen-Bärenklau sieht dem Riesen-Bärenklau (*Heracleum mantegazzianum*), auch Herkulesstaude genannt, sehr ähnlich. Ursprünglich aus dem Kaukasusgebiet als Zierpflanze in Parks und Gärten eingeführt, verwilderte sie schließlich. Im Gegensatz zum hier vorgestellten Wiesen-Bärenklau weist die Pflanze rötliche Flecken am Stängel auf, vor allem im unteren Bereich. Der Stängel des Wiesen-Bärenklaus ist dagegen einheitlich grün oder rot gefärbt. Da die Herkulesstaude im Frühjahr sehr früh zu wachsen beginnt, ist sie ihrem deutlich kleineren Verwandten immer ein ganzes Stück voraus. Das auffälligste Kennzeichen ist ihre enorme Größe: Der Riesen-Bärenklau wird bis zu 3 m hoch. Im Vergleich sind die Pflanzenteile etwa dreimal so groß; die Pflanze erscheint wie eine XXL-Version unserer einheimischen Art. Entsprechend aggressiv können auch ihre Furocumarine sein, die in Verbindung mit Sonne schlimme Hautverletzungen hervorrufen können (siehe oben). Ihre Größe und Üppigkeit macht die als Zierpflanze bei uns eingeführte Herkulesstaude zu einer auffallenden und attraktiven, jedoch sehr gefährlichen Schönheit.

Anbau im Garten Die Samen des Wiesen-Bärenklaus sammelt man wild und sät sie am besten sofort in lockere, feuchte Gartenerde. Die Jungpflanzen kommen dann in ein Gemüsebeet mit nährstoffreicher, durchaus auch stickstoffreicher Erde, die immer gut feucht gehalten wird. Darin können sich die mehrjährigen Pflanzen zu großen Büschen entwickeln. An diesen kann man von April bis Oktober ständig Blätter ernten, da die Pflanzen auf Rückschnitt mit üppigem Nachwachsen reagieren. Der Wiesen-Bärenklau gedeiht sowohl in der Sonne als auch im Halbschatten.

Verwendete Pflanzenteile und Erntezeit Die Saison für Wiesen-Bärenklau dauert das ganze Jahr. Essbar sind Blätter, Stängel, Blüten, Samen und Wurzeln. Die jungen, zarten Blätter werden im April und Mai geerntet. Auf bewirtschafteten Wiesen führt die Heuernte zu einem zweiten, eventuell dritten „Frühling" auf den Wiesen, sodass man hier an den nachgewachsenen Pflanzen bis in den Herbst hinein zarte Stängel und Blätter finden kann. Diese lassen sich auch sehr gut roh genießen – vorausgesetzt sie sind jung, zart und saftig. Ältere und nach längeren Hitzeperioden geerntete Stängel und Blätter werden dagegen faserig und sind dann als Rohkost nicht mehr geeignet. Die Saison für Blüten und Knospen ist vor allem im Hochsommer. Die Wurzeln erntet man zwischen September und März.

junge Blätter	April und Mai (auf bewirtschafteten Wiesen auch Juni bis September)
Blattstängel	Mai bis September
Blütenknospen/Blüten	Mai bis August
unreife, grüne Samen	August und September
Wurzeln	September bis März

Rezepte

Dinkelpfannkuchen mit Bärenklau

350 g Dinkelmehl · 4 EL kernige Dinkelflocken · 2 EL Olivenöl · 450 ml Sprudelwasser 100 ml Sahne/Rahm · 2 Schalotten, geschält · 2 Handvoll junge Blätter und Blütenknospen vom Wiesen-Bärenklau · Bratöl

Aus Dinkelmehl und -flocken, Öl, Wasser und Sahne einen Teig anrühren, 20–30 Minuten quellen lassen. In der Zwischenzeit Schalotten sehr fein würfeln. Blätter und Blütenknospen vom Bärenklau sorgfältig waschen, trocken schleudern und fein schneiden. Mit den Schalotten unter den Teig rühren. In einer flachen Pfanne etwas

weiter auf Seite 74

Bratöl erhitzen. Den Teig portionsweise hineingeben und von beiden Seiten ausbacken, bis die Pfannkuchen rundum eine goldbraune Farbe angenommen haben. Vor jedem neuen Pfannkuchen nach Bedarf etwas Öl in die Pfanne geben. Dazu passt ein farbenfroher Möhrensalat mit Bachbunge (siehe Seite 18).

Rezept-Tipp: Die Wurzeln des Wiesen-Bärenklaus haben ein intensiv würziges, etwas scharfes Aroma. Sie lassen sich frisch gerieben als Gewürz verwenden oder auch gekocht als Gemüse zubereiten.

Blütensalat mit Bärenklau

3 Handvoll junge Blütendolden vom Wiesen-Bärenklau · 1 kleiner Apfel
3 EL kalt gepresstes Walnuss- oder Haselnussöl · 1 EL Zitronensaft
Salz, Pfeffer · 8 Walnüsse

Die für diese aromatische Vorspeise verwendeten Blütendolden sollten kurz vor ihrer Entfaltung sein oder gerade erst aufgeblüht. Die Blütenstände auf Insekten kontrollieren, Blüten gegebenenfalls ausschütteln. Dann sorgfältig waschen, trocken schütteln und in mundgerechte Stücke zupfen. Apfel nach Wunsch schälen, entkernen, in kleine Stücke schneiden und unter die Blüten mischen. Aus Walnuss- oder Haselnussöl, Zitronensaft, Salz und Pfeffer ein Dressing anrühren. Walnüsse knacken, Kerne klein hacken und die angerichteten Salatportionen damit bestreuen.

Rezept-Tipp: Zusätzlich noch eine Handvoll frisch gepflückte und nur ganz kurz überbrauste Gänseblümchenblüten über den Salat streuen.

Antipasti aus Bärenklau-Knospen Die Blütenknospen des Wiesen-Bärenklaus sind sehr würzig und aromatisch im Geschmack. Für eine Konservierung als Antipasti sind sie ideal geeignet. Die Blütendolden zunächst auf Insekten untersuchen und waschen. Dann im Ganzen für ein bis zwei Minuten in gesalzenem Essigwasser blanchieren, zusammen mit etwas Estragon. Mit einer Spaghettizange aus dem Sud nehmen und auf einem Küchentuch gut abtropfen lassen. Zusätzlich noch mit Küchenkrepp trocken tupfen, damit keine Flüssigkeit in die Gläser kommt (beeinflusst die Haltbarkeit). Die Blütendolden in saubere, zuvor zehn Minuten lang ausgekochte Schraubdeckelgläser füllen. Nach Geschmack Thymian, Rosmarin, Knoblauch und Chilischoten dazugeben. Mit kalt gepresstem Olivenöl übergießen, sodass alle Blüten bedeckt sind. Die Gläser gut verschließen. Kühl, trocken und dunkel gelagert sind die eingelegten Antipasti mindestens ein Jahr haltbar.

Rezept-Tipp: Mit den unreifen, grünen, weichen Samen des Wiesen-Bärenklaus lassen sich Desserts aromatisieren, beispielsweise Vanillepudding oder Grießbrei. Dazu werden die Samen einfach mit aufgekocht und können dann mitgegessen werden. Auch als Zugabe im Likör verschenken sie ihr süß-würziges Aroma.

Aromatisches Fingerfood aus Wiesen-Bärenklau mit Dip Junge Stiele und, sofern nötig, Blattstiele vom Wiesen-Bärenklau schälen, ähnlich wie Rhabarber. Mit einer Guacamole oder einem feinen Dip, z. B. aus Quark, ist dieses etwas andere Fingerfood auf jeder Party ein Hit!

Wiesen-Knöterich

Bistorta officinalis, Synonyme: Persicaria bistorta, Polygonum bistorta

Porträt

Der Wiesen-Knöterich kommt in Gebieten mit gemäßigtem Klima in Nordamerika, Europa und Asien vor. Er heißt bei uns auch Schlangen-Knöterich, Lauchelchen, Schlangenwurzel, Wurmkraut oder Natterwurz und gehört zur Familie der Knöterichgewächse (Polygonaceae). Damit ist er ein naher Verwandter der altbekannten Nutzpflanze Buchweizen: Seine Samen werden heute wieder verbreitet als glutenfreies „Getreide" genutzt und finden sich in Brot, Müsli und anderen Zerealien. Der deutsche Name Schlangen-Knöterich und auch die lateinische Silbe „torta" weisen auf den verdichteten Wurzelstock hin, der waagrecht kriechend wächst und schlangenförmige Windungen aufweist. Die Bezeichnung „officinalis" verrät die Verwendung als Heilpflanze. Tatsächlich wurde die Wurzel wohl aufgrund der schlangenartigen Gestalt schon in der Antike zur Behandlung von Schlangenbissen, später auch gegen Spinnen- und Skorpionbisse angewendet. Die Volksheilkunde wendet die gerbstoffreiche Wurzel bei Durchfallerkrankungen und als Gurgelmittel bei Entzündungen im Mund- und Rachenraum an. Aufgrund des hohen Anteils gesunder Inhaltsstoffe (Vitamin C, Mineralien, Spurenelemente, Stärke und Eiweiß) sind insbesondere die Blätter und Samen des Wiesen-Knöterichs eine Bereicherung unseres Speiseplans. Der Knöterich wurde vom Bund Deutscher Staudengärtner zur „Staude des Jahres 2012" ernannt. Dazu gehört der Wiesen-Knöterich: Mit seinen hübschen rosa Blütenkolben ist er eine anmutige Erscheinung, die auch von Bienen und Schmetterlingen gerne besucht wird.

Wuchs und Aussehen Die ausdauernde Staude wird je nach Standort und umgebender Vegetation 30–100 cm hoch. Der Wiesen-Knöterich vermehrt sich durch Samen und unterirdische Ausläufer; so bildet er mitunter größere Bestände aus. Die Pflanze entwickelt sich aus einem verdickten Wurzelstock heraus. Dieser ist typischerweise in sich verdreht und gebogen („Schlangen-Knöterich"), mit vielen kleinen Wurzeln besetzt und innen rotbraun gefärbt. Die fingerdicke Hauptwurzel wächst horizontal kriechend unter der Erdoberfläche. Die länglichen Blätter sind am Boden in Form einer Blattrosette angeordnet, während sie am Stängel wechselständig stehen. Die Oberseiten der Blätter erscheinen in einem kräftigen Dunkelgrün, die Unterseiten sind bläulichgrün gefärbt. Sie werden bis zu 20 cm lang, ihr Blattrand ist glatt und etwas wellig. An der Spitze des Blütenstängels steht ein walzen- oder zylinderförmiger Blütenstand. Diese bis zu 70 cm hohe, dicht geformte Scheinähre setzt sich aus vielen einzelnen Blüten zusammen. Die Blütenkolben erscheinen zumeist in einem auffälligen, hellen Rosa, selten auch in Weiß. Die Nussfrüchte enthalten jeweils drei Samen, sind dreikantig geformt und können bis zu 5 mm groß werden.

***Typisch:** Die unteren, bodennahen Blätter sind lang gestielt, charakteristisch sind ihre wellig geflügelten Blattstiele. Die weiter oben am Stängel wachsenden Blätter weisen dagegen gar keine Blattstiele auf.*

Vorkommen Der Wiesen- oder Schlangen-Knöterich ist eine typische Pflanze von feuchten Wiesen und Hochstaudenfluren in den Auen der Mittelgebirge. Hier ist er deutlich häufiger zu finden als im Tiefland; in den Alpen kommt er an geeigneten Standorten bis auf Höhen von 1800 m vor. Das Knöterichgewächs liebt nährstoffreiche, leicht saure Böden mit einem hohen Anteil an Lehm und Ton – wie es für Auen in Bach- und Flusstälern typisch ist. Hier findet man die Pflanzen einzeln verstreut oder in Massenbeständen. Der Wiesen-Knöterich dient als Zeigerpflanze für nasse Böden.

Charakteristische Inhaltsstoffe und Heilwirkungen Die verdickte Wurzel des Wiesen-Knöterichs besitzt einen sehr hohen Gehalt an Gerbstoffen (15–36 %), Stärke (30 %) und Eiweiß. Damit ist die Wurzel eine der gerbstoffreichsten Drogen überhaupt! Seine adstringierende (zusammenziehende) Wirkung entspricht einigen dafür bekannten Heilpflanzen wie Eichenrinde oder Blutwurz. Der Wiesen-Knöterich ist keine offiziell anerkannte Heilpflanze. In der Volksheilkunde werden Tee und Abkochungen aus der Wurzel bei Durchfällen und Entzündungen im Mund und Rachenbereich angewendet.

Die Blätter des Wiesen-Knöterichs sind reich an Mineralien und Spurenelementen (siehe Tabelle auf der Innenseite des vorderen Umschlags). Außerdem wird von einem hohen Gehalt an Vitamin C berichtet. Die Blätter enthalten Oxalsäure und ebenfalls Gerbstoffe – was den im Vergleich zum Kulturspinat sehr ähnlichen, doch etwas kräftigeren und leicht adstringierenden Geschmack ausmacht. Magenempfindliche Menschen sollten den Genuss daher mengenmäßig in Grenzen halten.

Wiesen-Knöterich

Blütenstand des Wiesen-Knöterichs

Sammeltipps

Der Wiesen-Knöterich wächst bei uns vor allem in Auenlandschaften, bei Bachufern und auf Feuchtwiesen im Mittelgebirge. Das sind ökologisch besonders wertvolle Lebensräume, die nur mit der nötigen Achtsamkeit genutzt werden sollten. Der Wiesen-Knöterich ist hier zwar keine Seltenheit – dennoch ist es wichtig, die Feuchtwiesen bei der Suche weitmöglichst zu schonen und keine Tiere aufzuscheuchen. Von der Pflanze selbst sollte man jeweils nur etwa ein Drittel der Blätter abernten, damit sich diese wieder regenerieren kann.

Anbau im Garten und am Teich Für die naturnahe Gestaltung von Gärten ist der Wiesen-Knöterich eine gute Wahl. Die Pflanze wächst auf feuchten, nährstoffreichen, eher sauren Böden sehr dicht – und lässt sich damit als bodendeckende Staude verwenden. Auch an Teichrändern ist der Wiesen-Knöterich gut aufgehoben. Die Blätter sehen schmuck aus und die Blütezeit kann sehr lang sein: Ein Rückschnitt nach der ersten Blüte im Mai/Juni fördert eine weitere Blüte im Sommer, die bis in den August anhält. Die bei der Wahl des Knöterichs zur „Staude des Jahres 2012" empfohlene Sorte 'Superbum' ist besonders hübsch. Sie wächst üppig, aber nicht wuchernd und zeichnet sich durch besonders große, schöne und farbintensive Blütenkerzen aus. Die Pflanzen, die bis zu 70 cm hoch werden, überzeugen zudem durch einen besonders schönen und dichten Blattschopf.

Verwendete Pflanzenteile und Erntezeit Die Blätter und jungen Triebe des Wiesen-Knöterichs haben ein wild-würziges Aroma und eignen sich als Salatbeigabe und gekocht als Gemüse, „Spinat" und Püree. Die Blätter schmecken vor der Blüte am besten.

Als Spezialität können im späten Sommer auch die Samen gesammelt werden, die dem Buchweizen ähneln. Dabei sollte man jedoch nie alle Samen eines Pflanzenbestandes abernten, sodass die Vermehrung der Pflanzen gesichert ist.

In früheren Hungerzeiten wurden die Wurzeln des Wiesen-Knöterichs ausgegraben, geröstet und zu Mehl gemahlen. Besonders in Island, Russland und Sibirien wurde dieses Mehl weit verbreitet genutzt; auch zum Backen von Brot hat man es verwendet. Gegen diese Nutzung sprechen heute aber gleich mehrere gute Gründe: Zum einen kann der hohe Gehalt an Gerbstoffen in der Wurzel für empfindliche Mägen ein Problem sein. Weiterhin ist der Arbeitsaufwand unverhältnismäßig hoch. Vor allem aber muss aus Sicht des Naturschutzes von der Nutzung der Wurzel abgeraten werden. Die Bestände in Mitteleuropa sind für so eine, im wahrsten Wortsinn „radikale" Nutzung (radix: lateinisch für Wurzel) zu klein und auch lokal begrenzt. Für die Gewinnung von Stärke und Mehl aus der Natur sei hier auf den zweiten Band dieser Reihe hingewiesen („Köstliches von Waldbäumen").

Blätter, junge Triebe	April bis August
Samen	August bis September

Rezepte

Gefüllte Knöterich-Tomaten

8 große Tomaten · 250 g Dinkelschrot, grob gemahlen · 600 ml Gemüsebrühe
2 Zwiebeln · 2 Knoblauchzehen · 4 Handvoll Blätter vom Wiesen-Knöterich
2 EL Olivenöl · etwas Gemüsebrühe · Salz, Pfeffer, Curry · 1 Ei, nach Geschmack
100 g Parmesan · Butter für die Form · Gemüsebrühe, nach Bedarf

Von den Tomaten oben einen Deckel abschneiden. Früchte vorsichtig mit einem Teelöffel aushöhlen. Das Innere der Tomaten kann beispielsweis für eine Tomatensauce weiterverwendet werden.

Gefüllte Knöterich-Tomaten

Für die Füllung den Dinkelschrot fünf Minuten in Gemüsebrühe kochen, dann zugedeckt ziehen und ausquellen lassen. Zwiebeln und Knoblauch schälen. Zwiebeln fein würfeln, Knoblauch in feine Scheiben schneiden. Die Blätter des Wiesen-Knöterichs gründlich waschen, trocken schleudern und in Streifen schneiden. Zwiebeln und Knoblauch in einer Pfanne im Olivenöl glasig werden lassen, Knöterichblätter dazugeben. Mit etwas Gemüsebrühe ablöschen. Fünf Minuten zugedeckt garen lassen. Backofen auf 220 °C vorheizen. Das Gemüse unter die noch warme Dinkelmasse rühren, mit Salz, Pfeffer und Curry würzen. Wer möchte, mischt noch ein Ei darunter. Die Masse mit einem Teelöffel sorgfältig in die ausgehöhlten Tomaten füllen und die Deckel wieder aufsetzen. Die gefüllten Früchte in einer gebutterten Auflaufform platzieren, mit Parmesan bestreuen. So viel Gemüsebrühe in die Auflaufform füllen, bis der Boden gut bedeckt ist. Tomaten im Backofen für 12–15 Minuten überbacken. Dazu passen Basmatireis und eine fruchtige Tomatensauce.

Rezept-Tipp: Die Samen des Wiesen-Knöterichs kann man im Winter gut in einem dazu geeigneten Gefäß keimen lassen – für eine wertvolle Portion frischer und nährstoffreicher Keime. Dazu werden die Samen nach der Ernte getrocknet und dann luftdicht, trocken und dunkel gelagert.

„Spinat" aus Wiesen-Knöterich

1 Zwiebel oder 2–3 Schalotten · 2 Knoblauchzehen · 8 Handvoll Blätter vom Wiesen-Knöterich · 2 EL Olivenöl · 100 ml Gemüsebrühe · Salz, Pfeffer, Muskatnuss
100 ml Sahne/Rahm, nach Geschmack · etwas Zitronensaft · Rohrohrzucker

Zwiebel (oder Schalotten) und Knoblauch schälen. Zwiebel klein würfeln, Knoblauch in feine Scheiben schneiden. Die Blätter vom Wiesen-Knöterich gründlich waschen, trocken schleudern und in Streifen schneiden. Olivenöl in einem Topf oder einer Kasserolle erhitzen, Zwiebeln und Knoblauch darin glasig werden lassen. Die Knöterichblätter dazugeben und mit etwas Gemüsebrühe ablöschen. Umrühren und zugedeckt garen lassen – je nach Jahreszeit und Konsistenz der Blätter drei bis sechs Minuten. Falls nötig, etwas Flüssigkeit nachgießen. Mit Salz, Pfeffer, Muskatnuss abschmecken. Wem der leicht zusammenziehende Geschmack des Wiesen-Knöterichs zu intensiv ist, fügt noch Sahne, Zitronensaft und etwas Zucker hinzu – für eine mildere Variante. Dieser Spinat ergibt mit Nudeln oder Kartoffeln zusammen eine vollwertige Mahlzeit. Das Gemüse passt auch hervorragend als Füllung in Dinkel-Pfannkuchen (Rezept auf Seite 73).

Wiesen-Schaumkraut

Cardamine pratensis

Porträt

Der botanische Name beschreibt diese Pflanze sehr treffend: „Kardamon" bedeutet „Kresse" und „pratensis" zeigt den Fundort: „auf der Wiese". Wie bei der eng verwandten und in diesem Buch vorgestellten Brunnenkresse bilden auch beim Wiesen-Schaumkraut die Mittelachsen der vier Blütenblätter ein Kreuz, was auf die gemeinsame Familie der Kreuzblütengewächse (Brassicaceae) hinweist. Beide Pflanzenarten weisen einen ähnlich würzigen, kresseartigen Geschmack auf. Das Wiesen-Schaumkraut ist in weiten Teilen Europas zu finden, es wächst auch in Asien und Nordamerika. Bei uns ist es auf feuchten Wiesen eine typische Frühlingspflanze und kann dort im April und Mai stellenweise ganze Blütenteppiche bilden. Mit seinen hübschen, blasslila Blüten ist es eine zarte und anmutige Erscheinung.

Wuchs und Aussehen Das Wiesen-Schaumkraut ist eine mehrjährige, krautige Pflanze. Es entwickelt sich aus einer kurzen, wenig verdickten Wurzel heraus und erreicht zur Blütezeit eine Höhe von etwa 30 cm. Nur in direkter Nachbarschaft von höheren Pflanzen strebt auch das Wiesen-Schaumkraut höher hinaus. Der Stängel ist rund und hohl. Die bodennahen Blätter unterscheiden sich deutlich von den oben stehenden: Die Fiederblätter am Grund bestehen aus zwei bis fünf Blattpaaren und einem vergleichsweise deutlich größeren Endblatt. Die einzelnen Teilblätter zeigen eine abgerundete Rautenform mit welligem Rand. Die am Stängel weiter oben wachsenden

Fiederblätter sehen dagegen viel zierlicher und filigraner aus: Die einzelnen Teilblätter weisen eine ausgeprägt spitz-lanzettliche Form auf. Meist sind es drei oder vier Blattpaare, die zusammen mit dem Endblatt die Fieder bilden. Die Blattränder sind meist glatt und nur selten gezähnt. Die Blüten bestehen aus vier Blütenblättern, deren Achsen ein Kreuz bilden. Die Farbe der Blüten variiert von Weiß über Rosa bis hin zum typischen Blassviolett. Aus den bestäubten Blüten entwickeln sich aufrecht stehende Schoten als Früchte. Diese platzen im ausgereiften Zustand auf und geben die Samen frei. Daneben vermehrt sich die Pflanze auch über wurzelnde Brutknospen, die sich an den Grundblättern bilden können.

Typisch: *Das Wiesen-Schaumkraut ist an seinen hübschen, kreuzförmigen Blüten gut zu erkennen. Meist sind sie rosa bis blassviolett, seltener auch weiß. Auf den Blütenblättern sind dunklere Äderungen sichtbar, die Staubbeutel in der Blütenmitte sind gelb.*

Vorkommen Das Wiesen-Schaumkraut gedeiht auf feuchten, mitunter sogar nassen Standorten mit lehmigen, tonreichen Böden. Auf Feuchtwiesen ist die Pflanze sehr häufig anzutreffen, gelegentlich kommt es auch an lichten Stellen in Auwäldern und Randbereichen von sumpfigem Gelände vor. Im Gebirge wächst das Wiesen-Schaumkraut bis auf Höhen von 1400 m.

Charakteristische Inhaltsstoffe und Heilwirkungen Der scharfe, kresseartige Geschmack wird durch Senfölglykoside verursacht, die antibiotisch wirksam sind und die Verdauung anregen. Neben Mineralstoffen, Spurenelementen, Bitter- und Gerbstoffen enthält die Pflanze reichlich Vitamin C (360 mg Vitamin C auf 100 g Frischpflanze)! Das Wiesen-Schaumkraut ist ein sehr gesundes, belebendes Frühjahrskraut und wird volksmedizinisch auch für Frühjahrskuren eingesetzt. Dabei wird empfohlen, das Kraut frisch und roh zu verspeisen, beispielsweise als Salat oder Frischpflanzensaft. Beachtet werden muss allerdings, dass die Einnahme von zu großen Mengen zu Reizerscheinungen in Magen und Nieren führen kann.

Im Altertum und im Mittelalter wurde das Wiesen-Schaumkraut als Heilpflanze verwendet. Heute findet es nur noch in der Volksmedizin Anwendung, vor allem zur Anregung des Stoffwechsels, insbesondere von Leber, Galle und Niere (daher auch die Volksnamen „Bettbrunzer" oder „Seichblümle"). Zur Steigerung der körpereigenen Abwehr, bei rheumatischen Erkrankungen und Unterleibsschmerzen soll es wirksam sein. Auch bei verschiedenen Hauterkrankungen soll das entschlackende Kraut helfen.

Sammeltipps

Das Wiesen-Schaumkraut ist nicht nur bei Wildpflanzenfreunden beliebt: Auch Schaumzikaden suchen es gerne auf, was dann in Form von kleinen Schaumklümpchen an der Pflanze sichtbar wird (Larvenablage). Das sieht aus wie Eischnee und befindet sich meist in den Blattachseln der Fiederblätter am Stängel. Er ist zwar nicht giftig, aber unappetitlich – daher diese Pflanzen unberührt stehen lassen. Die Insekten ernähren sich zudem vom Pflanzensaft, den sie aus den Stängeln saugen. Generell gilt: An einem Standort nie alle Exemplare einer Art abernten, um die Pflanzen selbst und auch die von ihr abhängigen Tiere zu schonen. Im Fall des Wiesen-Schaumkrauts besteht eine enge ökologische Verbindung mit dem schönen Aurorafalter.

Anbau im Garten Mit dem Wiesen-Schaumkraut zieht der Frühling in den Garten ein. Die hübsche Blütenpflanze ist in einer naturnah gestalteten Wiese bestens aufgehoben. An einem sonnigen bis halbschattigen Standort benötigt sie einen feuchten, humosen Boden. Dieser ist im Idealfall lehmig; die Pflanze kann sich aber auch auf sandigen und torfigen Böden entwickeln.

Verwendete Pflanzenteile und Erntezeit Gesammelt werden die zarten Blätter: Sie schmecken würzig, oft sogar pfeffrig scharf. Auch die Blüten sind essbar. Die jährliche Entwicklung der Frühlingspflanze ist schon im Juni mit der Samenbildung abgeschlossen. Deswegen ist die Erntesaison relativ kurz.

Blätter	Mitte März bis Mai
Blüten	April und Mai

Rezepte

Pfeffriger Frühlings-Salat

4 Handvoll Blätter und Blüten vom Wiesen-Schaumkraut · 3 EL kalt gepresstes Olivenöl
1,5 EL Zitronensaft oder natürlicher Apfelessig (naturtrüb) · Salz, Pfeffer
1 TL Rohrohrzucker · 1 kleiner Apfel oder Birne

Die Blätter und Blüten vom Wiesen-Schaumkraut gründlich waschen, trocken schleudern und auf Tellern anrichten. Für die Vinaigrette das Olivenöl, Zitronensaft oder Apfelessig, Salz, Pfeffer und Rohrzucker anrühren. Obst in kleine Stücke schneiden und untermengen: Das harmonisiert die Schärfe des Wiesen-Schaumkrauts. Den Salat mit dem Dressing beträufeln und servieren.

Rezept-Tipp: Die zarten, pastellfarbenen Blütenstände ergeben eine hübsche essbare Dekoration für frühlingshaft gedeckte Tafeln oder zum Verzieren von Buffets und kalten Speisen.

Würziger Kräuterquark

1 Handvoll Blätter und Blüten vom Wiesen-Schaumkraut · Salz, Pfeffer, Rohrohrzucker Schabzigerklee, Dill, Koriander- oder Paprikapulver nach Geschmack · 2 EL kalt gepresstes Leinöl · 250 g Topfen oder Rahmstufen-Quark in Bio-Qualität

Die Blätter und Blüten vom Wiesen-Schaumkraut sorgfältig waschen, trocken schleudern und klein schneiden. Zusammen mit Salz, Pfeffer, Rohrohrzucker, Gewürzen und Leinöl unter den Quark heben. Kühl, aber nicht kalt servieren. Schmeckt hervorragend zu Pellkartoffeln, als Dip zu Rohkost oder als Brotaufstrich.

Rezept-Tipp: Mögen Sie es gleichzeitig süß und pikant? Die Schärfe des Wiesen-Schaumkrauts passt wunderbar zu Obst und süßen Desserts!

Pesto vom Wiesen-Schaumkraut

4 Handvoll Blätter und Blüten vom Wiesen-Schaumkraut · 4 EL Cashew- oder Pinienkerne · Salz, Pfeffer · 1/2 TL Rohrohrzucker · 6 EL kalt gepresstes Olivenöl 2–3 EL Parmesan, gerieben

Die Blätter und Blüten vom Wiesen-Schaumkraut waschen, trocken schleudern und klein schneiden. Mit Cashew- oder Pinienkernen, Salz, Pfeffer, Rohrohrzucker und dem Olivenöl in einem Cutter oder Mörser verarbeiten – bis die gewünschte, zähflüssige Konsistenz eines Pestos entstanden ist. Bei Bedarf noch etwas Öl zugießen. Nach Belieben geriebenen Parmesan untermischen. Dann so viel Öl dazugießen, bis die Konsistenz des Pestos wieder cremig ist.

Rezept-Tipp: Für eine Pesto-Variante mit Walnuss statt Cashewkernen und Olivenöl einfach 4 EL Walnusskerne und 6 EL Walnussöl verwenden.

Pfeffriger Frühlings-Salat (Seite 84)

Literatur

Albl, G. und Aichinger, E.: Wildpflanzen im Trend natürlicher Ernährung suchen, erkennen, sammeln, verwenden. Eigenverlag Erwin Aichinger, Moosburg 2004.

Bäumler, S.: Heilpflanzenpraxis Heute: Porträts, Rezepturen, Anwendung. Urban & Fischer Verlag / Elsevier Verlag, München 2007.

Bühring, Ursel: Praxis-Lehrbuch der modernen Heilpflanzenkunde: Grundlagen, Anwendung, Therapie. Haug Verlag, Stuttgart 2011.

Fleischhauer, S.: Enzyklopädie der essbaren Wildpflanzen. AT Verlag, Aarau und München 2003.

Fleischhauer, S.: Essbare Wildpflanzen. AT Verlag, Aarau und München 2007.

Franke, W.: Nutzpflanzenkunde. Nutzbare Gewächse der gemäßigten Breiten, Subtropen und Tropen. Thieme Verlag, Stuttgart 2007.

Franke, W: Wildgemüse. AID, Bonn 1987.

Heywood, V.H.: Blütenpflanzen der Welt. Birkhaeuser Verlag, Basel 1982.

Krause, K.: Unsere wild wachsenden Küchenpflanzen – Eine Handreichung für die Kriegszeit. Deutsche Lehrbuchhandlung, Berlin 1915.

Lamontagne, J.-C.: Kräuter und Aromapflanzen: Richtig auswählen, gestalten und pflegen. Gondrom Verlag, Bindlach 2006.

Rothmaler, W.: Exkursionsflora von Deutschland, Band 3: Atlas der Gefäßpflanzen. Verlag Volk und Wissen, Berlin 1991.

Schmeil, O. und Fitschen, J.: Flora von Deutschland. Quelle und Meyer Verlag, Heidelberg 1988.

Strauß, M.: Artgerecht. Kosmos, Stuttgart 2018.

Strauß, M.: Die 12 besten Beeren aus Wildsammlung und aus dem Garten. Reihe Natur & Genuss. Hädecke Verlag, Weil der Stadt 2021.

Strauß, M.: Die 12 besten essbaren Pionierpflanzen: bestimmen, sammeln und zubereiten. Reihe Natur & Genuss. Hädecke Verlag, Weil der Stadt 2022.

Strauß, M.: Die 12 wichtigsten essbaren Wildpflanzen: bestimmen, sammeln und zubereiten. Reihe Natur & Genuss. Hädecke Verlag, Weil der Stadt 2020.

Strauß, M.: Die Wald-Apotheke. Droemer Knaur, München 2017.

Strauß, M.: Die Wildpflanzen-Apotheke. Droemer Knaur, München 2020.

Strauß, M.: Immunbooster Natur – Mit Wildpflanzen das Immunsystem auf Vordermann bringen. Droemer Knaur, München 2020.

Strauß, M.: Köstliches von Waldbäumen: bestimmen, sammeln und zubereiten. Reihe Natur & Genuss. Hädecke Verlag, Weil der Stadt 2020.

Strauß, M.: Köstliches von Hecken und Sträuchern: bestimmen, sammeln und zubereiten. Reihe Natur & Genuss. Hädecke Verlag, Weil der Stadt 2011.

Strauß, M.: Wilder Mix: Grüne Smoothies & Desserts mit Wildpflanzen. Hädecke Verlag, Weil der Stadt 2015.